人力资源和社会保障部职业能力建设司推荐
冶金行业职业教育培训规划教材

高炉喷煤技术

（第2版）

金艳娟　主　编
胡劲松　副主编

北　京
冶 金 工 业 出 版 社
2025

内容提要

本书是参照冶金行业职业技能标准和职业技能鉴定规范，根据高炉喷煤工艺特点和岗位群的技能要求编写的，并经人力资源和社会保障部职业培训教材工作委员会办公室组织专家评审通过。

书中分别介绍了高炉喷煤的意义和发展概况；煤的性能，高炉喷吹对煤的性能要求；煤粉的制造方法；煤粉输送的工艺、设备及点检；煤粉喷吹的工艺、设备及点检；喷煤与高炉冶炼的关系，喷煤对高炉冶炼的影响；高炉喷吹煤粉系统的计量与检测；高炉喷煤的防火防爆、工业卫生及安全。附录中配有初、中、高三级职业技能鉴定理论考试试题及答案，四套实际操作考试试题及答案。

全书内容丰富，结构完整，重点突出；各章内容相对独立，深入浅出，可适应不同读者的需要。除可用做技能鉴定培训教材外，也可作为职业技术院校相关专业的教材，或工程技术人员的参考书。

图书在版编目（CIP）数据

高炉喷煤技术/金艳娟主编．—2版．—北京：冶金工业出版社，2011.11（2025.8重印）
冶金行业职业教育培训规划教材
ISBN 978-7-5024-5725-9

Ⅰ.①高…　Ⅱ.①金…　Ⅲ.①高炉炼铁—喷煤—职业教育—教材
Ⅳ.①TF538.6

中国版本图书馆CIP数据核字(2011)第190665号

高炉喠煤技术（第2版）

出版发行　冶金工业出版社　　**电　话**　(010)64027926
地　址　北京市东城区嵩祝院北巷39号　　**邮　编**　100009
网　址　www.mip1953.com　　**电子信箱**　service@mip1953.com

责任编辑　宋　良　杨　敏　美术编辑　彭子赫　版式设计　孙跃红
责任校对　王贺兰　责任印制　禹　蕊
北京富资园科技发展有限公司印刷
2005年3月第1版，2011年11月第2版，2025年8月第5次印刷
787mm×1092mm　1/16；8.75印张；234千字；126页
定价25.00元

投稿电话　(010)64027932　投稿信箱　tougao@cnmip.com.cn
营销中心电话　(010)64044283
冶金工业出版社天猫旗舰店　yjgycbs.tmall.com
（本书如有印装质量问题，本社营销中心负责退换）

秘书组 冶金工业出版社
高职教材编辑中心（010－64027913，64015782，13811304205，dutt@ mip1953. com）

序

吴溪淳

改革开放以来，我国经济和社会发展取得了辉煌成就，冶金工业实现了持续、快速、健康发展，钢产量已连续数年位居世界首位。这其间凝结着冶金行业广大职工的智慧和心血，包含着千千万万产业工人的汗水和辛劳。实践证明，人才是兴国之本、富民之基和发展之源，是科技创新、经济发展和社会进步的探索者、实践者和推动者。冶金行业中的高技能人才是推动技术创新、实现科技成果转化不可缺少的重要力量，其数量能否迅速增长、素质能否不断提高，关系到冶金行业核心竞争力的强弱。同时，冶金行业作为国家基础产业，拥有数百万从业人员，其综合素质关系到我国产业工人队伍整体素质，关系到工人阶级自身先进性在新的历史条件下的巩固和发展，直接关系到我国综合国力能否不断增强。

强化职业技能培训工作，提高企业核心竞争力，是国民经济可持续发展的重要保障，党中央和国务院给予了高度重视，明确提出人才立国的发展战略。结合《职业教育法》的颁布实施，职业教育工作已出现长期稳定发展的新局面。作为行业职业教育的基础，教材建设工作也应认真贯彻落实科学发展观，坚持职业教育面向人人、面向社会的发展方向和以服务为宗旨、以就业为导向的发展方针，适时扩大编者队伍，优化配置教材选题，不断提高编写质量，为冶金行业的现代化建设打下坚实的基础。

为了搞好冶金行业的职业技能培训工作，冶金工业出版社在人力资源和社会保障部职业能力建设司和中国钢铁工业协会组织人事部的指导下，同河北工业职业技术学院、昆明冶金高等专科学校、吉林电子信息职业技术学院、山西工程职业技术学院、山东工业职业学院、安徽工业职业技术学院、武汉钢铁集团公司、山钢集团济钢公司、云南文山铝业有限公司、中国职工教育和职业培训协会冶金分会、中国钢协职业培训中心、中国钢协人力资源与劳动保障工作委员会教育培训研究会等单位密切协作，联合有关冶金企业、高职院校和本科院校，编写了这套冶金行业职业教育培训规划教材，并经人力资源和社会保障部职业培训教材工作委员会组织专家评审通过，由人力资源和社会保障部职业能力建设司给予推荐，有关学校、企业的编写人员在时间紧、任务重的情况下，克服困难，辛勤工作，在相关科研院所的工程技术人员的积极参与和大力支持下，出色地完成了前期工作，为冶金行业的职业技能培训工作的顺利进行，打下了坚实的基础。相信这套教材的出版，将为冶金企业生产一线人员理论水平、操作水平和管理水平的进一步提高，企业核心竞争力的不断增强，起到积极的推进作用。

随着近年来冶金行业的高速发展，职业技能培训工作也取得了令人瞩目的成绩，绝大多数企业建立了完善的职工教育培训体系，职工素质不断提高，为我国冶金行业的发展提供了强大的人力资源支持。今后培训工作的重点，应继续注重职业技能培训工作者队伍的建设，丰富教材品种，加强对高技能人才的培养，进一步强化岗前培训，深化企业间、国际间的合作，开辟冶金行业职业培训工作的新局面。

展望未来，任重而道远。希望各冶金企业与相关院校、出版部门进一步开拓思路，加强合作，全面提升从业人员的素质，要在冶金企业的职工队伍中培养一批刻苦学习、岗位成才的带头人，培养一批推动技术创新、实现科技成果转化的带头人，培养一批提高生产效率、提升产品质量的带头人；不断创新，不断发展，力争使我国冶金行业职业技能培训工作跨上一个新台阶，为冶金行业持续、稳定、健康发展，做出新的贡献！

第2版前言

目前我国冶金工业发展迅猛，高炉喷吹煤粉已成为高炉炼铁强化冶炼的重要手段之一。随着高炉炼铁的发展，对冶炼中的各岗位人员的技术操作水平要求逐步提高。为了适应国家对专门职业技术人才的迫切需要，根据冶金工程技术人员冶金专业培训教学大纲的要求，对第1版教材做了全面的修订。

本书主要内容包括：煤的一般特性，煤粉的制备喷吹和设备及喷煤操作等内容。本书突出了冶金行业的特点，增加了最新的喷煤工艺的介绍，并注重理论联系实际，还增加了各系统的设备点检等内容，更具有实用性和操作性。考虑到相关专业技术岗位技能鉴定的需要，附录中配有初、中、高三级职业技能鉴定理论考试题及答案，以及四套实际操作考试试题及答案。本书可满足高炉喷煤各岗位所要求的理论知识，还在具体内容的组织安排上力求少而精，通俗易懂。因此，该书既可作为技工学校专用教材，也可作为职业技能鉴定的岗位培训教材。

本次修订由石家庄钢铁集团公司技校金艳娟和喷煤工段胡劲松完成；由石家庄钢铁集团公司总工程师刘石虹审稿。

在编写过程中，参阅了国内同行的部分专著，引用了有关数据及资料，在此向文献作者及出版单位表示衷心感谢。编写工作还得到了石家庄钢铁公司有关人员的大力支持，在此也表示衷心的感谢。限于编者的水平，书中如有不足之处，诚请读者批评指正。

编　者

2011年4月

第1版前言

本书是按照劳动和社会保障部的规划，受中国钢铁工业协会和冶金工业出版社的委托，在编委会的组织安排下，参照冶金行业职业技能标准和职业技能鉴定规范，根据冶金企业的生产实际和岗位群的技能要求编写的。书稿经劳动和社会保障部职业培训教材工作委员会办公室组织专家评审通过，由劳动和社会保障部培训就业司推荐作为冶金行业职业技能培训教材。

书中主要介绍煤的一般特性、煤粉的制备喷吹和设备等内容。本书突出了冶金行业的特点，注重新的喷煤工艺和各系统的设备点检等内容的介绍，编写过程中注意理论联系实际，使其具有实用性；同时力求满足高炉喷煤各岗位所要求的理论知识，在具体内容的组织安排上力求少而精，通俗易懂，便于自学。

本书主编为石家庄钢铁集团公司金艳娟，副主编为石家庄钢铁集团公司刘寅生，参加编写的有石家庄钢铁集团公司胡劲松等。石家庄钢铁集团公司总工程师刘石虹审阅了全稿。

在编写过程中，参考了国内同行的部分专著的有关数据及资料，还得到了石钢有关人员的大力支持，在此表示衷心感谢。

由于时间较紧和编者水平所限，书中的不足之处，恳请广大读者批评指正。

编　者

2004年10月

目　　录

1 绪　论

1.1　高炉喷煤的出现和发展

随着高炉炼铁生产规模的不断扩大和对生铁需求量的日益增加，高炉炼铁对燃料的需要量也愈来愈大，由于现有焦炉的老化，严重污染环境以及炼焦煤储量的日趋减少，导致冶金焦炭的供应日趋紧张，人们寻求由新的燃料代替部分焦炭。高炉采用喷吹燃料已成为高炉节焦和强化冶炼的一种手段。高炉可以喷吹的燃料分为三大类：液体燃料，如重油、焦油等；固体燃料，如无烟煤、烟煤、褐煤等；气体燃料，如天然气、焦炉煤气等。喷吹燃料的选择依赖于各国燃料资源的条件，并随资源条件的变化而改变。自20世纪60年代初喷吹技术在法国获得成功以后，美国、苏联主要喷吹天然气，西欧、日本则自20世纪80年代初由喷吹重油转为喷吹煤粉。我国是开发喷煤技术较早的国家，自20世纪60年代初开始试验，至今已有近50年的历史，特别是近20年来，高炉喷煤技术得到了广泛的应用和发展，从而促进了我国钢铁工业的迅猛发展，减少了炼铁生产受炼焦煤资源、投资、环保等诸多方面的限制和影响。

1.2　高炉喷煤的意义

高炉喷煤对现代高炉炼铁技术来说是一项重要的技术革命。所谓高炉喷煤，就是指从高炉风口向炉内直接喷吹磨细了的煤粉（无烟煤、烟煤或两者的混合煤粉以及褐煤），以代替焦炭向高炉提供热量和还原剂。它的意义在于：

（1）以低价的煤代替了日趋贫乏且价格昂贵的冶金焦，降低了焦比，使高炉炼铁的成本大幅下降。

（2）高炉喷煤可以作为一种调剂炉况的手段。

（3）高炉喷煤可以改善炉缸工作状态，使高炉稳定顺行。

（4）为高炉提高风温和富氧鼓风创造条件。因为喷吹煤粉会使风口前理论燃烧温度降低，导致理论燃烧温度降低的主要原因有：

1）高炉喷吹煤粉后煤气量增加，加热煤气需要消耗热量；

2）喷吹煤粉带入的热量少，而焦炭进入风口区时已被充分加热，温度高达1450～1500℃，而喷吹的煤粉温度不超过100℃；

3）煤粉中的碳氢化合物分解需要吸热。

（5）喷吹煤粉中的氢含量比焦炭带入的多，氢气提高了煤气的还原能力和穿透扩散能力，有利于矿石的还原和高炉操作指标的改善。

（6）喷吹煤粉代替了部分焦炭，不仅缓解了焦煤的供需紧张状况，也减少了对炼焦设施的投资和建设，更降低了炼焦生产对环境的污染。

1.3　国外高炉喷煤发展概况

高炉喷煤是现代高炉冶炼大幅降低焦比和生铁成本的重大技术措施，以其能创造巨大的经济效益而得到迅猛发展。自20世纪80年代初在世界范围广泛应用以来，世界各国钢铁厂的喷煤比不断提高，高炉喷煤技术已成为高炉炼铁的重要组成部分。西欧各国和日本发展尤其迅速，在1993年左右大部分高炉的喷煤比就达到了200kg/t。20世纪90年代初部分国家高炉喷吹煤粉情况列于表1－1。

表1－1　国外部分高炉喷吹煤粉情况

国　家	厂　名	炉　号	最高月平均				
			焦比/kg·t^{-1}	煤比/kg·t^{-1}	喷煤率/%	时　间	风温/℃
德　国	施韦尔根	1	307	201	39.5	1992.11	1230
荷　兰	霍戈文	6	272	212	43.8	1994	1161
法　国	敦刻尔克	4	287	194	40.3	1992.09	1189
日　本	神　户	3	313	188	37.9	1991.09	
日　本	加古川	1	323	199	38.2	1994.01	

此后，日本高炉喷煤技术发展更快，到1995年日本所有高炉全部实现喷煤生产。

国外大部分高炉喷吹的是中等挥发分和高挥发分的烟煤，其原因是烟煤来源容易，烟煤的燃烧性和氢含量均优于无烟煤。另外还有一些厂家喷吹粒煤，如英国的Scunthorpe厂的4座高炉喷吹粒煤，其中一座高炉月平均喷煤达到201kg/t。喷吹粒煤可以降低制粉车间的投资和电耗。但喷吹粒煤需要更高的富氧，富氧主要是要强化燃烧及提高理论燃烧温度，这对于制氧能力大的企业有利。

国外高炉大量喷吹煤粉的基础条件较好是因为：

(1) 采用精料。精料是实现大喷吹的主要条件。国外高炉入炉的原料含铁高，渣量少（一般小于300kg/t，只有少数高炉超过300kg/t），对原燃料的冶金性能更为重视，入炉的冶金焦炭除灰分低外，碱负荷和反应后强度等指标也明显改善。

(2) 用提高风温来维持风口火焰所需求的温度，表1－1所列部分高炉的风温均高于1150℃。

(3) 大喷吹量高炉均采用富氧鼓风，富氧率在2.2%～7.32%。

(4) 采用以疏通中心（中心加焦等）为目标的操作方针。

(5) 可靠而完善的磨煤和喷煤系统。

1.4　我国高炉喷煤发展概况

我国高炉喷煤始于20世纪60年代初，起步最早的是鞍钢、首钢。鞍钢1964年开始试验至1966年实现5座高炉全部喷煤。首钢也于1964年开始试验至1965年正式喷煤。因此，我国是世界上最早实现喷煤的国家之一。之后一段时间发展缓慢，直至80年代末90年代初，特别是近十几年我国的高炉喷煤技术得到迅速发展。2000年宝钢1、3号高炉年平均喷煤量达到238kg/t和207kg/t，创造了国际先进水平。我国部分企业高炉喷吹煤粉情况见表1－2。

表1－2　我国部分钢铁企业高炉喷吹煤粉情况

厂　名	日　期	煤比/kg·t^{-1}	入炉焦比/kg·t^{-1}	平均风温/℃	利用系数
太　钢	2008.12	184	285	1194	2.323
长　治	2008.12	178	347	1121	2.914
鞍　钢	2008.12	150	351	1164	2.218
首　钢	2008.12	140	328	1184	2.438

续表 1-2

厂　名	日　期	煤比/kg·t^{-1}	入炉焦比/kg·t^{-1}	平均风温/℃	利用系数
宝　钢	2008.12	166	316	1149	2.249
邯　钢	2008.12	118	402	1073	2.442
马　钢	2008.12	135	352	1083	2.266
安　钢	2008.12	127	402	1081	2.676
石　钢	2008.12	165	385	1076	3.762
南　钢	2008.12	118	427	1033	2.390
杭　钢	2008.12	139	380	1101	3.037

在喷吹煤种上，20 世纪 90 年代前几乎都是喷吹无烟煤，只有 1981 年马钢小高炉、苏钢小高炉试验喷吹烟煤，但没有广泛推广。1989 年鞍钢重新开始研究，1990 年喷吹烟煤试验成功并进行推广，喷吹烟煤企业逐渐增加，我国的喷煤技术得到迅速发展。

从 20 世纪 90 年代以来，我国高炉喷煤技术和富氧喷煤技术发展迅速的主要原因是：

（1）新型制粉、喷吹工艺的形成和完善及其装备水平的提高；

（2）储量丰富的烟煤得到应用；

（3）自动化水平得到提高；

（4）喷煤比不断提高和低富氧高煤比的喷吹成功；

（5）氧煤燃烧技术等一批新技术得到实现；

（6）高炉喷煤已成为炼铁系统工艺结构优化，能源结构变化的核心。它的发展增强了高炉炼铁工艺与新型非高炉炼铁工艺竞争的力量，缓解了炼铁生产受资源、投资、成本、能源、环境、运输等多方面限制的压力，奠定了继续发展喷煤的基础。

1.5　高炉喷煤技术的进步

喷煤技术的进步主要体现在以下几个方面：

（1）喷煤设备大型化和装备水平的提高。现代高炉炼铁技术进步的特点之一，是不断提高生产率，喷吹更多煤粉，大幅度降低焦比。喷吹煤粉的绝对量增大，要求喷煤设备大型化和不断提高喷煤设备的装备水平。喷煤设备装备水平的提高主要集中表现在喷煤自动控制及计量和调节精度方面，喷煤量可以按照高炉要求自动调节，喷煤量计量精度可以控制在 1% 误差范围内，各风口喷吹煤粉的均匀性控制在 3% 的误差范围内。

（2）高炉富氧喷煤。富氧喷煤是实现高炉生产稳产、高产、优质、低耗的必备手段。高炉的富氧和喷煤是互为条件、互为依存的。喷煤量不断增加，就需要有足够的氧气来促进煤粉燃烧，以提高煤焦置换比和保证高炉顺行。生产实践证明，当风温达到 1000℃ 时，在不富氧的条件下，煤粉喷吹量每吨铁不宜超过 100kg。否则，煤粉不能完全燃烧，引起煤焦置换比下降，并可能造成高炉不能顺行。相反，如果不喷煤粉，富氧使高炉风口前的理论燃烧温度过高，也将导致高炉不能顺行。只有富氧和喷煤相结合，才能大幅度提高产量，降低焦比。据有关文献介绍，高炉鼓风中富氧率每增加 1%，喷煤量约增加 13kg/t，生铁产量增加 3%。因此，富氧喷煤是实现高炉高产、稳产、优质、低耗的必备手段，是高炉炼铁技术进步的重要标志。

（3）喷吹烟煤和无烟煤或烟煤、无烟煤混合喷吹。我国长期喷吹无烟煤，其优点是无烟煤含碳量高，挥发分低，喷吹安全。但其燃点高，煤质硬，可磨性差，制粉能耗高。随着无烟煤储量的日趋减少，无烟煤质量也逐年下降。改喷烟煤，扩大了喷煤品种，其优点是烟煤挥发分高，燃烧性能好，含氢量高，利于高炉顺行。且煤质软，易磨，制粉能耗低，储量也较多，分布较广，保证有充足的喷煤资源。但喷吹烟煤时，易燃易爆，安全性差，必须采取相应的保护措施。

（4）浓相输送。高炉喷煤采用气力输送，按单位气体载运煤粉量的多少，可以分为稀相输送和浓相输送。气力输送过程中，一般稀相输送的速度在 20m/s 以上，煤粉浓度在 5 ~ 30kg/m^{3}范围内。而浓相输送的速度则小于 10m/s，煤粉浓度大于 40kg/m^3。采用浓相输送的优点是：喷吹浓度高，消耗输送介质量少，煤粉在管道内的流速低，对管道及设备的磨损减小，可以节省能源，提高煤粉喷吹量。其缺点是：设备复杂，价格较高，对煤粉质量要求严格，需用输送介质的压力也比较高。

1.6　高炉喷煤工艺

（1）高炉喷吹煤粉的工艺流程。高炉喷吹煤粉工艺系统主要由原煤储运、煤粉制备、煤粉输送、煤粉喷吹、干燥气体制备和动力系统组成。工艺流程如图 1－1 所示，如果是直接喷吹工艺，则无煤粉输送部分。

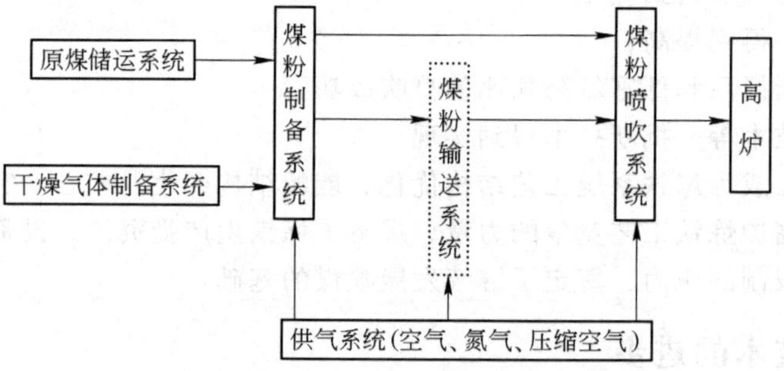

图 1－1　高炉喷煤系统的工艺流程

（2）高炉喷吹煤粉的工艺模式。从粉煤制备和喷吹设施的配置上来分，高炉喷吹工艺有两种模式，即间接喷吹模式和直接喷吹模式。制粉系统和喷吹系统在一起向高炉喷吹的工艺叫直接喷煤工艺；制粉系统和喷吹系统分开，通过罐车或气动输送管道将煤粉从制粉车间送到靠近高炉的喷吹站，再向高炉喷吹煤粉的工艺叫间接喷煤工艺。直接用管道将煤粉喷入高炉，不适宜喷吹距离太远，一般不超过 300m。所以，一般大型企业或高炉多的企业宜采用间接喷吹工艺，高炉少的企业宜采用直接喷吹工艺。

1.7　高炉喷煤规模和设备能力的确定

1.7.1　原煤需求量的确定

原煤的单位时间需求量按下式确定：

$$Q_y = \frac{Q_h \cdot K_y}{1 - (W_y - W_f)} \tag{1-1}$$

式中　Q_y——原煤的单位时间需求量，kg/h；

Q_h——高炉的单位时间喷煤量，kg/h；

K_y——工艺流程中的煤损失系数，一般取1.02；

W_y——原煤中水分的含量，一般取8%～12%；

W_f——煤粉成品中的水分含量，一般取1%～1.5%。

1.7.2　高炉喷煤量的确定

高炉喷煤量的多少应根据高炉的原燃料条件、质量、各项技术经济指标以及所喷煤的煤质、煤种和供煤量进行考虑和计算。理论计算不仅比较繁杂，而且计算结果往往与生产实际情况差距较大，故可结合生产实践经验进行计算。在确定高炉喷煤装置的能力时，一般采用下式计算：

$$Q_h = V_u \cdot \eta \cdot Q/24 \tag{1-2}$$

式中　Q_h——单位时间喷煤量，kg/h；

V_u——高炉有效容积，m^3；

η——高炉有效容积利用系数，$t/(m^3 \cdot d)$；

Q——吨铁喷煤量，kg/t。

高炉喷煤量的表达式为：

$$高炉喷煤量 = \frac{喷吹煤粉总量}{生铁产量}$$

例1　已知某高炉有效容积300m^3，高炉有效容积利用系数为2.8$t/(m^3 \cdot d)$，高炉喷煤量为120kg/t。求该高炉的单位时间喷煤量？

解： 按公式

$$Q_h = V_u \cdot \eta \cdot Q/24$$

$$Q_h = (300 \times 2.8 \times 120) \div 24 = 4200\ (kg/h)$$

答： 该高炉的单位时间喷煤量为4200kg/h。

1.7.3　高炉喷煤率的计算

高炉喷煤率按下式计算：

$$喷煤率 = \frac{喷吹煤粉总量\ (t)}{总燃料消耗量\ (t)} \times 100\%$$

例2　已知某高炉喷吹煤粉总量为96.32t，总的燃料消耗量为344t，求喷煤率？

解： 按公式

$$喷煤率 = \frac{96.32}{344} \times 100\% = 28\%$$

答： 该高炉的喷煤率为28%。

高炉喷吹煤粉必须保证连续不断，并且要有煤量的调控和计量。为此，目前喷煤大多采用重叠串联罐和并列罐两种喷吹形式。一般情况下，从投资角度考量，集中制粉比分散少，直接喷吹比间接喷吹低，并列式布置比串罐式布置低。所以，采用集中制粉和直接喷吹相结合的并列式喷吹工艺是投资最低的。为了高炉喷吹的稳定和高炉操作的安全，较大的高炉可采用双系统供煤，及单双号风口由不同的系统供煤（考虑成本，主要用于并列式喷吹工艺），这样能保证在单系统检修或故障时，保证高炉的稳定或将损失降到最低。

复习思考题

1－1　高炉喷吹煤粉有哪些重要意义？
1－2　现代高炉喷煤技术的进步体现在哪几方面？
1－3　什么是高炉间接喷煤工艺，什么是高炉直接喷煤工艺？
1－4　什么叫浓相输送，有什么优缺点？
1－5　高炉喷煤量是如何确定的？

2 高炉喷吹用煤

2.1 煤的分类

煤在形成过程中，经历了植物残骸转变为泥炭的泥炭化阶段和泥炭转变为褐煤、烟煤、无烟煤的煤化阶段，使其在外表特征、理化性能等方面都有了很大差别。根据成煤物质和成煤条件的不同，人们把煤分成三大类：腐殖煤、残质煤和腐泥煤。残质煤在自然界中储量很少，它一般氢含量很高，挥发分多，低温焦油产率高；腐泥煤燃点很低，可用火柴点燃，燃烧时产生一种燃烧橡皮时的气味；只有腐殖煤在自然界中分布最广，蕴藏量最大，是人类使用最多的煤。腐殖煤按其煤化程度又可分为泥煤、褐煤、烟煤和无烟煤四大类。

(1) 泥煤。泥煤是最年轻的煤，也就是由植物刚刚转变来的煤。在结构上，它保留着植物遗体的痕迹，是棕褐色或黑褐色的不均匀物质，它质地疏松，吸水性强，含天然水分一般在40%以上，有的高达85%～95%，需进行露天干燥，风干后的体积密度为300～450kg/m^3，其真密度为1.29～1.61kg/m^3。在化学成分上，与其他煤种相比，泥煤含氧量最多，高达28%～38%，含碳较少。在使用性能上，泥煤的挥发分高，可燃性好，反应性强，含硫量低，灰分的熔点低，机械强度很差，不适于远途运输。因此，其工业价值不大，只适于作为地方性燃料。

(2) 褐煤。褐煤是泥煤经过进一步炭化后转变而成的，由于它能将热碱水染成褐色而成为褐煤。与泥煤相比，它的密度大，含碳量高，氢与氧的含量较少，挥发分产率低，体积密度为750～800kg/m^3。褐煤的使用性能是黏结性弱，极易吸水、氧化和自燃。新开采出来的褐煤机械强度较高，但在空气中极易风化和破碎，因而不适于远距离运输和长期贮存，所以褐煤一般作为地方性燃料使用，也可以作为化工原料制取渣化煤、腐殖酸肥料和黏结剂等。

(3) 烟煤。烟煤是一种碳化程度较高的煤。与褐煤相比，它的挥发分较少，密度较大，其真密度为1.2～1.45kg/m^3，吸水性较小，含碳量增加，氢和氧的含量减少。烟煤最大的特点是具有黏结性，这是其他固体燃料所没有的。因此，它是炼焦的主要原料。但不是所有的烟煤都具有黏结性，也不是所有的烟煤都适于炼焦。因而又根据烟煤黏结性的强弱及挥发分产率的大小将烟煤分为：长焰煤、气煤、肥煤、瘦煤、结焦煤和贫煤等不同品种。其中，长焰煤和气煤的挥发分含量最高，易于燃烧，适合于制造煤气。结焦煤则具有良好的结焦性，适于生产冶金焦炭，但在自然界储量不多。为了节省炼焦煤，在不影响焦炭质量的情况下与其他煤种混合使用。凡烟煤中结焦性差的煤都用来做高炉喷吹用煤，如长焰煤、瘦煤、结焦性很差的气煤等。

(4) 无烟煤。无烟煤是年代最久的煤，也是矿物化程度最高的煤，优点是密度大，含碳量高，挥发分极少，组织致密而坚硬，吸水性小，适于长途运输和长期贮存；缺点是受热时易爆裂成碎片，可燃性差，不易着火等。它是现行高炉喷煤的主要煤源。

煤还可根据其用途进行分类。我国煤的分类见表2－1。

表 2-1 我国煤的分类

大类	小类	分类指标及范围	
名称	名称	挥发分 V_{daf} /%	胶质层厚度 Y/mm
无烟煤		0~10	
贫煤		>10~20	
瘦煤	1号瘦煤	14~20	0(成块)~8
	2号瘦煤	14~20	>8~12
焦煤	瘦焦煤	14~18	>12~25
	主瘦煤	>18~26	>12~25
	瘦焦煤	>20~26	>8~12
	1号肥焦煤	>26~30	>9~14
	2号肥焦煤	>26~30	>14~25
肥煤	1号肥煤	26~37	>25~30
	2号肥煤	26~37	>30
	1号焦肥煤	<26	>25~30

大类	小类	分类指标及范围	
名称	名称	挥发分 V_{daf} /%	胶质层厚度 Y/mm
肥煤	2号焦肥煤	<26	>30
	气肥煤	>37	>25
气煤	1号肥气煤	>30~37	>9~14
	2号肥气煤	>30~37	>14~25
	1号气煤	>37	>5~9
	2号气煤	>37	>9~14
	3号气煤	>37	>14~25
弱黏结煤	弱黏结1号	>20~26	0(成块)~8
	弱黏结2号	>26~37	0(成块)~9
不黏煤		>20~37	0(粉状)
长焰煤		>37	0~5
褐煤		>40	

注：从贫煤到长焰煤8个煤种统称为烟煤。

2.2 煤的组成及分析

2.2.1 煤的组成

煤是由有机物和无机物两部分组成的。也可以说是由有机成分、灰分及水分组成的。

2.2.1.1 有机成分

煤的组成以有机质为主体，其工艺用途主要由煤中的有机质的性质来决定。煤中的有机质成分中主要由碳、氢、氧、氮、硫五种化学元素组成。在这些元素中，煤的主要可燃元素是碳（约占65%~95%），其次是氢（2%~7%）、氧（3%~5%）、氮（1%~2%）、硫（10%）。它们一起构成可燃物，称为煤的可燃质。

（1）碳。碳占65%~95%，它以碳氢化合物和碳氧化合物的形态存在。碳是煤中主要的可燃成分，它在燃烧时释放出大量的热。通常煤的发热量与碳含量的多少有关，含碳量愈高，发热量愈高。各种煤质中的含碳量见表2-2。

表 2-2 煤中可燃质的含碳量

煤的种类	含碳量/%	煤的种类	含碳量/%
泥煤	约70	黏结性煤	83~85
褐煤	70~80	强黏结性煤	85~90
弱黏结性煤	78~80	无烟煤	90以上
非黏结性煤	80~83		

（2）氢。氢占2%~7%，它大多以碳氢化合物状态存在（水中的氢不计）。氢也是煤中主要的可燃元素，氢燃烧时会释放出大量的热，它的发热量约为碳的3倍，但它的含量比碳小得多，且氢易于燃烧和爆炸。氢存在于挥发分中，且碳化程度愈高的煤，氢含量愈少。

（3）氧。氧占3%～5%，它在煤中大多数以氧化物的形态存在。因为它与碳、氢等可燃元素构成氧化物而使它们失去燃烧的可能性。因此，它是煤中不可燃元素。它与碳、氢结合成氧化物后，使煤中的可燃碳和可燃氢含量也相应减少，降低了煤的发热量。部分游离氧可以助燃，但以化合物形态存在的氧不能助燃。

（4）氮。氮占1%～2%，是煤中不可燃元素，在一般情况下不参加化学反应，是燃煤中的惰性元素。它只有在燃烧的高温烟气中与氧化合生成 NO_x，会造成大气污染，所以，它是有害元素。

（5）硫。硫占10%，在煤中硫以三种形态存在，即有机硫、黄铁矿硫和硫酸盐。有机硫与煤成化合状态，均匀分布，其组成复杂；黄铁矿硫与铁结合在一起，形成 FeS_2，也叫硫化物硫；硫酸盐硫主要是以 $CaSO_4 \cdot 2H_2O$ 和 $FeSO_4 \cdot 7H_2O$ 存在于煤的矿物质中。前两种参与燃烧放出热量，但会形成二氧化硫和三氧化硫，对人和动植物有很大危害，污染环境。硫酸盐不参与燃烧反应。因此，硫是有害元素。

在煤的分类和生产控制中最常用的一个重要参数是“挥发分”，即有机质在隔绝空气和一定温度的条件下，加热一定时间，受热分解出的气态和蒸气产物。挥发分的高低，直接影响煤的储存时间和煤在磨制中的生产安全，间接影响煤粉的输送性能和燃烧效率。一般喷吹用煤的挥发分 V_{daf} 在14%～23%，在使用烟煤与无烟煤混煤时，允许烟煤的挥发分超出上述范围，达到30%。其测定方法为：每样取1g，放在带盖的瓷坩埚中，在（900±10）℃下，隔绝空气加热7min，所失去的重量占煤样重量的比值，减去煤样的水分即为挥发分。挥发分可按下式计算：

$$V_{ad} = (m_1/m) \times 100\% - M_{ad} \tag{2-1}$$

式中 V_{ad}——空气干燥煤样的挥发分，%；

m——空气干燥煤样的质量，g；

m_1——煤样加热后减少的质量，g；

M_{ad}——空气干燥煤样的水分，%。

2.2.1.2 灰分

灰分是煤中不能燃烧的矿物质，灰分中大多数成分是由氧化物组成的。它在煤中含量高时，使煤中可燃成分含量减少，降低了煤的发热值。同时，在燃烧中由于部分灰分包围了可燃成分，影响了可燃成分的燃烧。喷入高炉的煤粉中的灰分进入炉渣，既增加了石灰石的消耗，又增加了吨铁渣量，使焦比大幅度升高。煤粉中灰分的大致成分是：SiO_2 40%～60%、Al_2O_3 15%～35%、Fe_2O_3 5%～25%、CaO 1%～15%、MgO 0.5%～8%、Na_2O+K_2O 1%～4%。因此，灰分很多的煤是劣质煤。

灰分按其形态可分为内在灰分和外在灰分。内在灰分来源于原生矿物质和次生矿物质，很难用洗选法除去；而外在灰分来源于外来矿物质，比较容易用洗选法洗去。在喷煤工艺中采用洗煤或洗煤与烟煤混合，可有效降低灰分。

测定灰分的方法有缓慢灰化法和快速灰化法。方法是称取一定量的空气甘草煤样，放入马弗炉，在一定温度下灼烧到质量恒定，以残留物的质量占煤样质量的百分数为灰分的测定值。可按下式计算：

$$A_{ad} = \frac{m_2}{m} \times 100\% \tag{2-2}$$

式中 A_{ad}——空气干燥煤样的灰分，%；

m——空气干燥煤样的质量，g；

m_2——煤样灼烧后残留物的质量，g。

2.2.1.3 水分

存在于煤外表面的水称为煤的外在水，它随外界环境变化而发生变化。存在于煤的毛细管中的水称为煤的内在水。煤的外在水和内在水之和叫煤的全水。煤中的水分按其结合状态可分为游离水和化合水两大类。游离水是以物理吸附或吸着方式存在于煤的毛细管中与煤结合的水分；化合水是以化合方式同煤中的矿物质结合的结晶水，它是矿物晶格的一部分。煤中的游离水也是煤的杂质，因为煤中的游离水使煤在储运过程中容易碎裂，增加运输费用，降低了煤的发热量。且煤中的游离水分在煤粉磨制中，消耗了干燥剂的热量，降低了磨煤机的台时产量。在煤的工业分析中只测定游离水，因为高炉喷煤的制粉工艺中结晶水一般是去不掉的，通常要在200℃以上，甚至在500℃以上才会析出，因此，认为喷吹结晶水高的煤种，相当于部分加湿鼓风。所以，煤中的水通常也认为是杂质。

按煤质优劣评价煤中的水分：$M_{ad}>15\%$ 为高水分煤；$M_{ad}\leqslant 5\%$ 为低水分煤；$5\%<M_{ad}\leqslant 15\%$ 为中水分煤。

煤粉水分的测定通常采用空气干燥法：称取一定量的空气干燥煤样，置于105～110℃干燥箱中干燥到恒重，然后根据煤样的质量减少数计算出水分。可按下式计算：

$$M_{ad}=\frac{m_3}{m}\times 100\% \tag{2-3}$$

式中 M_{ad}——空气干燥煤样的灰分，%；

m——空气干燥煤样的质量，g；

m_3——煤样干燥后失去的质量，g。

2.2.2 煤的分析及换算

在煤质分析中常用“基”来表示化验结果是以什么状态下的煤样为基础而得出的。常用的基有收到基、空气干燥基、干基、干燥无灰基、干燥无矿物质基。

2.2.2.1 收到基

收到基是以收到状态的煤为基准，表示符号为 ar（as received basis），收到基成分为：

$$w_{ar}(C)+w_{ar}(H)+w_{ar}(O)+w_{ar}(N)+w_{ar}(S)+A_{ar}+M_{ar}=100 \tag{2-4}$$

2.2.2.2 空气干燥基

空气干燥基是以空气湿度达到平衡状态的煤为基准，表示符号为 ad（air dried basis），计算式为：

按元素分析为：

$$w_{ad}(C)+w_{ad}(H)+w_{ad}(N)+w_{ad}(O)+w_{ad}(S)+A_{ad}+M_{ad}=100 \tag{2-5}$$

按工业分析为：

$$M_{ad}+A_{ad}+V_{ad}+w_{ad}(FC)=100 \tag{2-6}$$

2.2.2.3 干燥基

干燥基是以假想无水状态的煤为基准，表示符号为 d（dry basis），计算式为：

$$w_{d}(C)+w_{d}(H)+w_{d}(O)+w_{d}(N)+w_{d}(S)+A_{d}=100 \tag{2-7}$$

2.2.2.4 干燥无灰基

干燥无灰基是以假想无水、无灰状态的煤为基准，表示符号为 daf（dry ash free），计算式为：

$$w_{daf}(C)+w_{daf}(H)+w_{daf}(O)+w_{daf}(N)+w_{daf}(S)=100 \tag{2-8}$$

2.2.2.5 干燥无矿物质基

干燥无矿物质基是以假想无水、无矿物状态的煤为基准，表示符号为 dmmf（dry mineral matter free），计算式为

$$w_{dmmf}(C)+w_{dmmf}(H)+w_{dmmf}(O)+w_{dmmf}(N)+w_{dmmf}(S)=100$$

各基准之间的换算关系见表 2-3。

表 2-3 各基准之间的换算关系

换算系数 / 欲求基 / 已知基	空气干燥基 ad	收到基 ar	干基 d	干燥无灰基 daf	干燥无矿物质基 dmmf
空气干燥基 ad	1	$\frac{100-M_{ar}}{100-M_{ad}}$	$\frac{100}{100-M_{ad}}$	$\frac{100}{100-(M_{ad}+A_{ad})}$	$\frac{100}{100-(M_{dr}+MM_{ar})}$
收到基 ar	$\frac{100-M_{ad}}{100-M_{ar}}$	1	$\frac{100}{100-M_{ar}}$	$\frac{100}{100-(M_{ar}+A_{ar})}$	$\frac{100}{100-(M_{ar}+MM_{ar})}$
干基 d	$\frac{100-M_{ad}}{100}$	$\frac{100-M_{ar}}{100}$	1	$\frac{100}{100-A_d}$	$\frac{100}{100-MM_d}$
干燥无灰基 daf	$\frac{100-(M_{ad}+A_{ad})}{100}$	$\frac{100-(M_{ar}+A_{ar})}{100}$	$\frac{100-A_d}{100}$	1	$\frac{100-A_d}{100-MM_d}$
干燥无矿物质基 dmmf	$\frac{100-(M_{ad}+MM_{ad})}{100}$	$\frac{100-(M_{ar}+MM_{ar})}{100}$	$\frac{100-MM_d}{100}$	$\frac{100-MM_d}{100-A_d}$	1

例 2-1 试将下列煤的成分换算成收到基成分。

$w_{daf}(C)$	$w_{daf}(H)$	$w_{daf}(O)$	$w_{daf}(N)$	$w_{daf}(S)$	A_d	M_{ar}
82.5%	6.8%	7.6%	2.2%	0.9%	14%	10%

解：先求出灰分的收到基成分，即

$$A_{ar}=A_d\frac{100-M_{ar}}{100}=14\%\times\frac{100-10}{100}=14\%\times0.9=12.6\%$$

然后，$A_{ar}\%$ 和 $M_{ar}\%$ 进行其他成分的换算：

$$w_{ar}(C)=w_{daf}(C)\frac{100-(A_{ar}+M_{ar})}{100}=82.5\%\times\frac{100-(12.6+10)}{100}=63.86\%$$

同理

$$w_{ar}(H)=6.8\%\times0.77\%=5.26\%$$
$$w_{ar}(O)=7.6\%\times0.77\%=5.88\%$$
$$w_{ar}(N)=2.2\%\times0.77\%=1.70\%$$
$$w_{ar}(S)=0.9\%\times0.77\%=0.70\%$$

2.3　煤的物理性质

在高炉喷煤生产中，为了获得更好的经济技术指标，保证安全顺利地生产，应检测煤的物理性质。煤的物理性质有孔隙率、可磨性、比表面积、黏结性、结焦性等。

2.3.1　煤的孔隙率

煤的孔隙率反映煤的反应性能和强度。孔隙率大的煤其表面积大，反应性能好，但强度较低。这种煤的可磨性和燃烧性好，炉内未燃煤气化反应好，有利于高炉稳定顺行和提高煤焦置换比。煤的空隙率也是决定煤层瓦斯容量的主要因素之一，是计算煤层中游离瓦斯含量的重要依据。根据煤的视相对密度和煤的真相对密度可以计算出煤的孔隙率（%），计算公式为：

$$孔隙率 = \frac{真相对密度 - 视相对密度}{真相对密度} \times 100\% \qquad (2-9)$$

煤的视相对密度：是指20℃煤（包括煤的空隙）的质量与同体积水的质量之比，其表示符号为ARD（Apparent Relative Density）。它是表示煤的物理特性的一项指标，可用于煤矿及地勘部门计算煤的埋藏量。在贮煤仓的设计、煤的运输、磨碎和燃烧等计算过程中也都需要该项指标。

煤的真相对密度：是指20℃煤（不包括煤的空隙）的质量与同体积水的质量之比，其表示符号为TRD（True Relative Density）。它是表征煤的性质和计算煤层平均质量的一项重要指标。它的大小与煤的变质程度、煤的岩相组成、煤的成因、煤中矿物质有关。

2.3.2　煤的可磨性

煤的可磨性是指把煤研磨成粉的难易程度，是反映煤的耐磨特性的一项煤质指标，也是决定磨煤机出率和电耗的重要依据。它主要与煤的变质程度有关，不同牌号的煤具有不同的可磨性。一般来说，焦煤、肥煤易磨，即能磨细；无烟煤、褐煤难磨，即不易磨细。煤的可磨性还随煤中的水分和灰分的增加而减少。同一种煤，水分和灰分越高，其可磨性就越差。此外，煤物理结构参数如表面积、孔隙率、孔径和孔径分布等的差异也直接影响煤颗粒的可磨性。煤中各种组织（如镜质组等）在煤中的分布和含量的不同和矿物组分在煤颗粒中的分散状况以及矿物含量和组成均与煤的可磨性相关。

为了利于燃烧和保证高炉顺行，高炉喷煤通常用粉煤，因此，必须将原煤磨细。煤的可磨性指数高低代表着磨煤的难易程度。可磨性指数越大的煤越易粉碎，反之较难。高炉喷吹用煤的可磨性指数一般应在60～90之间，低于50的煤很硬，难磨；高于90的烟煤虽然易磨，但往往是黏结性强的煤，可能给磨煤和输煤造成困难。目前我国采用哈氏（哈特葛罗夫）方法测定煤的可磨性指数HGI，其物理意义是物料磨细后增加的比表面积与能量消耗之比。可磨性指数测定仪器见图2-1。

图2-1　测定煤可磨性指数的仪器——哈特葛罗夫磨煤机

工业上常根据煤的可磨性来设计磨煤

机，估算磨煤机的产率和能耗，或根据煤的可磨性来选择适合某种特定型号磨煤机的煤种和煤源。

某一种煤的可磨性，用此种煤磨到与标准煤同一细度所消耗电能的比值来表示，称为该种煤的可磨性指数 K：

$$K = \frac{\text{标准煤磨碎到一定细度所消耗的电能}}{\text{某种煤磨碎到同一细度所消耗的电能}} \tag{2-10}$$

所谓标准煤，是指收到状态的煤完全燃烧后的燃烧产物使水蒸气冷却到20℃时放出的热量。标准煤收到基低位发热量规定为29288kJ/kg，这样，在不同情况下的燃料消耗量可以用下面的公式折算成标准煤的消耗量：

$$B_0 = \frac{BQ_D^{ar}}{29288} \tag{2-11}$$

式中 B_0——标准煤消耗量，kg；

B——实际耗煤量，kg；

Q_D^{ar}——实际燃料的收到基低位发热量，kJ/kg。

国内外煤的可磨性指数有两种表示方法：一种为欧、美、日等国广泛采用的哈氏可磨性指数 K_H；另一种为前苏联和我国早期广泛采用的可磨性指数 K_{BTN}，两种可磨性指数可以互换，其关系为：

$$K_H = 70K_{BTN} - 20 \tag{2-12}$$

我国现行国标规定使用哈氏指数。

2.3.3 煤的比表面积

单位重量的煤粒的表面积的总和，称做这种煤在该粒度范围内的比表面积，单位为 mm^2/g。

煤的比表面积是煤的重要性质，对研究煤的破碎、着火、燃烧反应等性能均有重要意义。

煤粉比表面积的测定是用透气式比表面积测定仪测定的，其测定原理是根据气流通过一定厚度的煤粉层受到阻力而产生压力降来测定的。测定后按下式计算：

$$S = \frac{K}{\gamma}\sqrt{\frac{\eta^3}{(1-\eta)^2}} \cdot \sqrt{\frac{1}{\mu}} \cdot T \tag{2-13}$$

式中 K——仪器常数；

γ——煤粉密度，g/mm^3；

η——煤粉孔隙率，%；

T——气压计中液面从扩大部分 B 下降到液面 C 所需的时间，或液面 C 降到液面 D 所需的时间，s；

μ——试验时的空气黏度，Pa · s。

煤粉的比表面积需测定两次，将两次计算的值取其平均值，其相对误差不大于 ±2%。

2.3.4 煤的黏结性

把粉碎的煤隔绝空气并逐渐加热到200～500℃时，则析出一部分气体并形成黏稠状胶质；再继续加热至500℃以上，黏稠状胶质体继续分解，一部分分解为气体，其余部分逐渐固化，将炭粒结合在一起成为焦块。这种结合牢固的程度称为黏结性，用黏结指数 G_{R-1} 来表示，它是判断煤的黏结性、结焦性的一个关键指标，用来评价烟煤在加热过程中的黏结能力。

按煤的黏结性将煤分为黏结性煤和不黏结性煤，属于黏结性煤的有气煤、肥煤、焦煤和瘦煤，而属于不黏结性煤的则有长焰烟煤、贫煤以及不是烟煤的褐煤和无烟煤。根据我国国家标准，当黏结指数小于5时，为不黏结煤；当黏结指数为5～30时，为弱黏结煤。高炉喷吹用煤一般要求用不黏结煤或弱黏结煤。如煤的黏结性强，则易在高炉风口结焦，造成风口烧坏或堵塞喷枪。因此，应选用黏结性差的无烟煤、贫煤，或者两种煤混合喷吹。

图2－2为黏结指数测定仪外观图。

图2－2　黏结指数测定仪

2.3.5　煤的结焦性

煤的结焦性是指煤在工业焦炉或模拟工业焦炉的炼焦条件下结成一定块度和足够强度焦炭的能力，人们称具有这种性能的煤为炼焦煤，有气煤、肥煤、焦煤和瘦煤。因为炼焦煤必须具有黏结性，即在干馏过程中能软熔成胶质体并固化黏结成块状焦炭的能力，所以，炼焦煤必然是黏结性煤。但随着技术的进步，在某些非炼焦煤中添加一些焦油、沥青等物质，在热压条件下也能炼出焦煤。

2.4　煤的工艺性能

煤粉是由1～300μm各种不同尺寸、形状的微粒按一定的分布规律组成的颗粒群。它的工艺性能的好坏直接影响高炉喷吹。高炉喷吹用煤的工艺性能有：着火温度、煤灰熔融性、流动性、细度（粒度）、爆炸性、煤对 CO_2 的反应性。

2.4.1　煤的着火温度

煤的着火温度是指在氧化剂（空气、氧气）和煤共存的条件下，把煤加热到开始燃烧的温度，也叫煤的燃点。换句话说，它是煤释放出足够的挥发分与大气形成可燃混合物的最低着火温度，所以又叫煤的着火点。

煤粉着火点的高低与煤化程度有关，一般规律是挥发分愈高的煤，着火点愈低。从不同煤化程度的煤来看，无烟煤着火点最高，一般在365～420℃之间；烟煤中以煤化程度最低的长焰煤的着火点最低。煤的着火点与煤中无机矿物的含量有关，一般矿物质含量高的煤，着火点也就高。但煤中如果含黄铁矿，则可降低煤的着火点。煤的着火点可作为确定高炉喷吹煤粉的粉煤制备中，磨煤机出、入口温度和系统温度报警参数的参考。图2－3所示为煤粉着火点测定装置。

煤被空气中的氧气氧化是煤自燃的根本原因。所谓自燃，是指煤中的碳等元素在常温下与氧反应，生成可燃物 CO、CH_4 及其他物质，而煤的氧化反应又是放热反应，如果该热量不能及时散发，在煤堆或煤层中就会越积越多，使煤的温度升高。煤的温度升高又会反过来加速煤的氧化，放出更多的热量。当温度达到一定值时，这些可燃物质就会燃烧而引起自燃。

图 2-3 煤粉着火点测定装置

煤的着火点愈低，就愈易自燃。煤的自燃是造成煤粉制备、输送、喷吹过程中爆炸等事故的主要原因。因此，防止煤的自燃是十分重要的。

测定煤的着火温度的主要目的是：

（1）判定煤炭变质的程度。煤的着火点与煤炭变质程度有一定关系，一般变质程度高的煤着火点也高，各种煤的着火点见表 2-4。

表 2-4 各类煤的着火点范围

煤 种	褐 煤	长焰煤	气 煤	肥 煤	焦 煤	贫瘦煤	无烟煤
着火点/℃	267 ~ 300	275 ~ 330	305 ~ 350	340 ~ 365	355 ~ 365	360 ~ 390	365 ~ 420

（2）判定煤的自燃倾向。煤的氧化程度与着火点之间有一定的关系，可利用原煤样的着火点和氧化煤样的着火点间的差值来推断煤的自燃倾向。一般原煤样的着火点低，而且两种煤样着火点差值大的煤易自燃。

（3）根据煤的着火点的变化来判断煤是否已氧化。煤氧化以后着火点明显下降，所以，煤的着火点可作为煤氧化的一个非常灵敏的指标。人们可以通过测定煤的着火点来测定煤的氧化程度，即分别测定原煤样、氧化煤样和还原煤样的着火点，然后按下式计算煤的氧化程度：

$$氧化程度(\%) = \frac{还原样着火点(℃) - 原煤样着火点(℃)}{还原样着火点(℃) - 氧化样着火点(℃)} \times 100 \qquad (2-14)$$

（4）根据各种煤的燃点，对制备煤粉设备选型、干燥介质温度确定及各种工艺参数的控制等作出设计。

测定煤的着火温度的方法很多，目前我国使用的测定方法有两种：一种是“体积膨胀法”；另一种是“温度实升法”。两者的测定原理相同，都是将煤与固体氧化剂（亚硝酸钠）混合，并以 4.5 ~ 5℃/min 的速度加热至煤爆燃或温度明显升高。然而实验室测得的着火温度是相对的，并不能真实反映日常生活和工业生产条件下的煤开始燃烧的温度，以及煤堆放过程中因氧化发热而自燃的温度。但它们之间有相应的关系，总的趋势是一致的。

煤的氧化和自燃都使煤的灰分升高，固定碳和发热值下降，降低了煤的质量。为防止煤的氧化和自燃，应采取以下措施：①隔断煤与空气（氧气）的接触，如把煤堆放在水中；②用推土机将煤一层一层压实，尤其是在堆边压实，铺盖一层黏土更好，以减少其与空气的接触；③把煤堆放在背阳光的地方，这样可以降低氧化速度；④尽量消除使用煤的工艺中的局部积煤，如设计时尽量减少能够造成积煤的死角；在制粉生产中，停机前应将系统中的煤粉吹扫干净。

2.4.2　煤灰熔融性

煤灰熔融性是指在规定条件下，随加热温度的变化，煤的灰分的变形、软化和流动特征的物理状态。

煤的灰分的主要成分有 SiO_2、Al_2O_3、CaO、MgO、Fe_2O_3 等，它没有固定的熔点，当其加热到一定温度时开始局部熔化，随着温度升高，熔化部分增加，到某一温度时全部熔化。这种逐渐熔化的过程，使煤灰试样产生变形、软化和流动。所以人们就以与变形、软化和流动这三态相应的温度来表征煤的熔融性。

按煤质优劣评价划分：煤中灰分 $A \leqslant 15\%$ 为低灰分煤；A 在 15% ~25% 之间为中灰分煤；A 在 25% ~45% 之间为高灰分煤。

煤灰熔融性是动力用煤和气化用煤的重要质量指标。一般根据它来选择合适的燃烧或气化设备，或根据燃烧和气化设备类型来选择具有合适软化温度的原料煤。煤灰的熔融温度高，燃烧成本高；煤灰的熔融温度低，炉内易结渣。

煤灰成分对其熔融性的影响为：

（1）三氧化二铝（Al_2O_3）。煤灰熔融时它起“骨架”作用，它能明显提高灰的熔融温度。Al_2O_3 含量增加时，煤灰的熔融温度也增高。

（2）二氧化硅（SiO_2）。煤灰熔融时它起“助熔”作用，特别是煤灰中碱性成分含量较高时，助熔作用更加明显。但 SiO_2 含量和煤灰熔融温度的关系不太明显。

（3）三氧化二铁（Fe_2O_3）。它起升高熔融温度的作用。

（4）氧化钙（CaO）。在煤灰熔融中它起助熔作用，但其含量超过一定限度后（煤灰中 CaO 超过 30%），它又起升高熔融温度的作用。

其他氧化物如氧化镁等，在煤灰熔融中都起助熔作用。

2.4.3　煤粉的流动性

煤粉的流动性包括流动性和喷流性：流动特性包括自然坡度角、压缩率、板勺角和均匀度，喷流特性包括确定崩溃角、差角、分散度和流动性。煤粉具有较好的流动性，这是因为新磨碎的煤粉能够吸附气体（如空气），使气体在煤粒表面形成气膜，它使煤粉颗粒之间的摩擦阻力变小；另外煤粒均为带电体，且都带同性电荷，同性电荷具有相斥作用，所以煤粉具有流动性。在一定速度的载体中，能够随载体一起流动，这就是煤粉能被输送的原理。但随着煤粉存放时间的延长，煤粒表面的气膜减薄，静电逐渐消失，流动性逐渐变差，高炉喷吹煤需更大的气力输送。所以，为保证煤有良好的流动性，要求煤粉的储存时间不宜过长，一般规定小于 8h。另外，影响流动性指标的因素较多，其中煤粉中所含的水分对流动性影响较大。

2.4.4　煤粉的细度（粒度）

煤粉的细度（粒度）是煤粉颗粒群粗细程度的反映，它对磨煤制粉的能耗和喷吹煤粉的燃烧速度以及不完全燃烧的热损失都具有决定性的意义。此特性一般用筛分分析来表示。目前，世界各国采用的筛分分析法有公制和英制两种。

公制细度用筛上的剩余量用 R（%）表示：

$$R = \frac{a}{a+b} \times 100\% \qquad (2-15)$$

式中　a——筛子上剩余的燃料量，g；

　　　b——通过筛子的燃料重量，g。

在筛上剩余的煤粉越多，煤粉就越粗。筛网的号数相当于每厘米筛网上的格孔数。在表示煤粉细度时，最常用的是格孔为 90μm 和 200μm 的筛子，即 R_{90} 和 R_{200}。

英制细度是用网目表示，网目数是该筛每英寸（25.4mm）长度上的筛孔数，如 200 目就是 1 英寸长度上有筛孔 200 个。常用多少目以下筛下物的百分数作为筛分分析结果，如用 200 网目筛对制备的喷吹煤粉筛分，把通过该筛的煤粉重量占总重量的百分数 80，作为制备煤粉的筛分分析，写作 -200 目 80%。国内外喷煤制粉作业中常以 -200 目或 -170 目来说明煤粉磨细程度。

2.4.5 煤粉的爆炸性

煤粉的爆炸性决定着喷煤系统安全措施的采用。可燃粉尘爆炸的必要条件有：

（1）可燃粉尘浓度处于爆炸上、下限的爆炸区间；

（2）有足够的氧化剂支持；

（3）有足够能量的点火源点燃粉尘；

（4）分散悬浮的粉尘处于定容的空间。

满足上述 4 个条件就有使包围体被爆破的危险。而高炉喷吹煤粉的各种煤粉仓、贮煤罐、喷吹罐等都为定容密闭或部分密闭的空间。

影响爆炸性的因素有：

（1）可燃粉尘的化学和物理性质，如化学组成和粒度；

（2）可燃粉尘的浓度和气相组成；

（3）爆炸的初始条件和外界条件。

悬浮的煤粉与空气或其他氧化剂混合极易发生爆炸，最为明显的规律是随着挥发分含量增加其爆炸性也增大。一般认为，煤粉的可燃基挥发分小于 10% 为基本无爆炸性煤；大于 10% 为有爆炸性煤；大于 25% 为强爆炸性煤。煤粉爆炸性也与其粒度有关，煤粉愈细，愈易于爆炸。但是在同样的挥发分和粒度情况下，由于比表面积不一样，其爆炸性也不一样。另外，影响煤粉爆炸的因素还有煤粉的灰分、水分含量、引燃热源以及煤粉浓度和粒度等，但煤的天然灰分和水分都很低，降低煤尘爆炸性的作用不明显，因此，必须通过仪器测定每种煤粉的爆炸性。

测量煤粉爆炸性的方法很多，我国主要采用长管式的测定装置来测定煤粉的爆炸性，根据爆炸火焰的返回长度来确定煤粉有无爆炸性及爆炸性的强弱。

试验时用 1g -200 目煤粉试样，喷入设在玻璃管内 1050℃ 的火源上，视其返回火焰的长短来判断煤粉的爆炸性。一般认为，仅在火源处出现稀少火星或无火星的属于无爆炸性煤，如无烟煤；若产生火焰并返回至喷入一端，其火焰长度小于 400mm 的为易燃而有爆炸性煤；返回火焰大于 400mm 的为强爆炸性煤，如烟煤、褐煤等。

另外，控制系统内部适宜的含氧浓度是防止煤粉着火爆炸的关键，若系统含氧低于一定浓度（低于 14%）就可以避免着火爆炸。测定使煤能引起爆炸气氛含 O_2 浓度值，可作为确定制粉系统、输送系统、喷吹系统及受压容器中气氛含 O_2 浓度的依据。

2.4.6 煤对 CO_2 的反应性

煤对 CO_2 的反应性是指在一定温度下，煤中的碳与 CO_2 进行还原反应的反应能力。其反应式为：

$$C + CO_2 = 2CO$$

或者说，煤将 CO_2 还原成 CO 的能力。它以被还原成 CO 的 CO_2 量占参加反应的 CO_2 总量的百分数来表示。在一定温度下，该反应速度愈大，表明煤粉的可燃性愈好。

煤的反应性与煤的气化和燃烧有着密切的关系，它直接反映了煤在炉子中作用的情况。反应性强的煤在气化和燃烧过程中，反应速度快，效率高。反应性的强弱直接影响炉子的耗煤量、耗氧量及煤气中的有效成分。因此，煤的反应性是评价气化或燃料用煤的一项重要指标。此外，测定煤的反应性，对于进一步探讨煤的燃烧、气化机理有一定的价值。

特别值得注意的是高炉喷吹反应性强的煤，不仅可以提高煤粉的燃烧率，扩大喷煤量，而且，风口区未燃烧的煤粉在高炉其他部位参加了与 CO_2 的气化反应，减少了焦炭的气化反应。很多研究表明煤的气化反应活性比焦炭的气化反应性强，这就在某种程度上对焦炭的强度起到了保护作用，有利于提高炉料的透气性。

另外，煤的反应性也与煤的挥发分含量有关，挥发分含量高的煤反应性强，如挥发分高的褐煤反应性最强，烟煤较强，无烟煤反应性最小。

2.5 高炉喷吹对煤的性能要求

高炉喷吹用煤的要求包括两个方面：一是对高炉喷吹所用原煤性能的要求，二是对磨制出的粉煤的质量要求。

2.5.1 对原煤性能的要求

（1）灰分要少。灰分含量应与使用的焦炭灰分相同，越少越好，一般要求灰分应小于15%。

（2）硫含量要低。硫是高炉冶炼中有害元素，应越低越好，一般要求 $w(S) < 1.0\%$。

（3）胶质层要薄。胶质层厚，在喷吹过程中易结焦，易堵塞喷枪和风口，影响喷吹和高炉正常生产。

（4）可磨性要好。高炉喷煤需要将煤磨到一定细度，可磨性好则制粉消耗的电能就少，可降低磨煤成本。

（5）燃烧性要好。燃烧性是指煤中的碳与氧在一定温度下进行反应，生成 CO_2 的速度。燃烧性好可以使喷入高炉的煤粉能在有限的空间和时间内尽可能多地气化。另外，燃烧性好的煤也可以适当磨粗些，这样可以降低磨煤能耗和成本。

（6）发热值要高。喷入高炉的煤粉是以其放出的热量和形成的还原剂 CO、H_2 来代替焦炭在高炉内提供热源和还原剂。因此，煤的发热值越高，在高炉内放出的热量越多，置换的焦炭量也越多。

（7）尽可能综合利用各种煤资源，获得最高的性价比。为降低成本，尽可能充分利用我国的煤资源，如采用含碳高、发热值高的无烟煤与挥发分高、易燃烧的长焰煤混合，可充分发挥两种煤的优点，取得良好的喷吹效果。

2.5.2 对磨制煤粉的质量要求

（1）粒度。煤粉粒度越小，煤粉越细，比表面积越大，在风口前的燃烧速度就越快，越利于燃烧，燃烧率可以提高。但煤粉磨得越细，能耗越大，磨煤机出力减少，制粉费用增加。煤粉粒度大，有利于输送，磨煤机效率高。适宜的煤粉粒度取决于几方面的综合因素。在使用煤种不变，不影响燃烧的情况下，使用较粗粒度的煤粉，这样，既利于输送，又容易提高磨煤机制粉出力。因此，目前认为，喷吹无烟煤时，粒度应小些，－200 目的应达到的 70% ～

80%；而喷吹烟煤时，粒度可以大些，-200 目的达到 60% ~65% 即可。

（2）温度。煤粉的温度应控制在 70 ~ 80℃。这主要是保证煤粉载体——烟气中的饱和水蒸气不结露，一旦结露，冷凝的水被煤粉吸附，影响其输送，严重的还会使布袋“挂肠”，管路堵塞。

（3）水分。控制煤粉中水分是为了便于输送。煤粉中水分大时，一方面煤粉颗粒间的黏结力增大，影响煤粉的输送；另一方面煤粉喷入高炉后，在风口前燃烧时，水分分解要吸热，降低理论燃烧温度，无补偿手段时要降低喷吹量。因此，一般煤粉水分控制在 2.0% 以下。如果采用浓相输送和喷吹，煤粉水分宜控制在 1.2% 以下。

2.6 高炉喷吹用煤的储运

2.6.1 原煤储运系统的工艺流程

原煤储运系统的工艺流程见图 2-4。

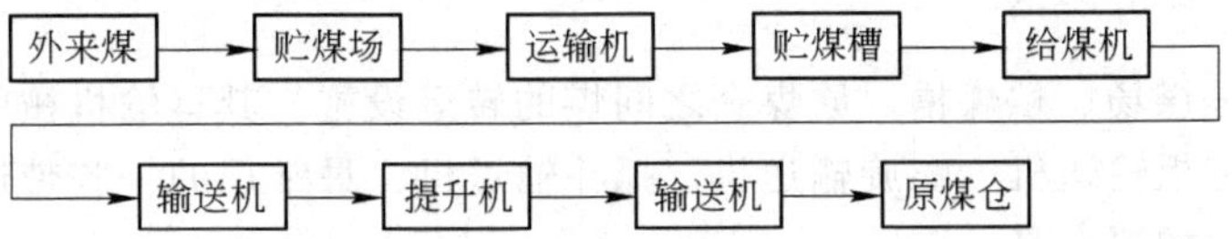

图 2-4 原煤储运系统的工艺流程

当贮煤场离制粉车间的贮煤槽较远时，运输机械用火车或汽车。若高炉喷煤有专用贮煤场，并且离贮煤槽较近时，可用皮带运输机。有的厂还可以直接用输送机和提升机将原煤送到原煤仓而不设贮煤槽。若原煤的水分较高时，流程中要增设烘干装置。若原煤的粒度较大，流程中要增设破碎装置。

2.6.2 原煤储运系统的设备

原煤储运系统的设备有贮煤场、贮煤槽、原煤仓、原煤运输机械。

2.6.2.1 贮煤场

贮煤场的作用有：

（1）贮备原煤。一般贮煤场要求存贮 1 ~ 1.5 个月的原煤，以备外来煤不能及时运入时，作为稳定生产之用。但一般贮存不超过一年。

（2）空干原煤。为了降低煤中的水分，利用贮煤场在贮煤期间，使煤中水分蒸发及下渗。

（3）混合原煤。利用贮煤场将不同地方的原煤进行混合，以达到质量要求。

卸外来煤时应注意：

（1）了解外来煤的种类、煤质及数量，在指定区域卸煤。

（2）卸煤时应将冻块煤打碎，将石头、煤矸石等杂物挑出并定期清理。

2.6.2.2 贮煤槽

贮煤槽的作用是存放不同种类的原煤，一般是分别存放烟煤和无烟煤。

对贮煤槽的要求是：

（1）贮煤槽必须是两个以上。

（2）贮煤槽的给煤机应具有按比例给煤的功能。

（3）贮煤槽的有效贮煤量应为1～2天的生产量，以保证连续生产。

（4）贮煤槽的斜面与水平的夹角要大于55°，以防止存煤。

（5）贮煤槽应设防雨棚，北方地区要采取防水措施。

2.6.2.3　原煤仓

原煤仓的作用是贮存原煤并按要求下料。

对原煤仓要求有：（1）有效的贮煤量应为磨煤机台时产量的8～10h。（2）原煤仓下部锥体侧面与水平夹角大于65°，最好采用双曲线锥体。因为原煤是靠自重下落的，在双曲线上的原煤每下落一点高度，其自重在垂直方向的分力都比前一个高度的分力大。因此，煤在原煤仓内下降比较顺利，不容易悬料。（3）原煤仓顶面必须设置箅子，防止大块、冻块、杂物进入仓内。（4）原煤仓下部设置手孔用做处理故障。（5）要设置料位计，确保计量准确。

2.6.2.4　原煤运输机械

原煤运输机械是煤场、贮煤槽、原煤仓之间煤的转运设施。其运输机械的类型有胶带运输机、斗式提升机、刮板输送机、螺旋输送机、抓斗输送机，最常用的是胶带运输机。

对胶带运输系统的要求是：

（1）胶带机有一定的倾斜角度。胶带机的倾斜角度是根据运输物料及现场实际需要提升的垂直高度来确定。如果胶带机的倾斜角度过大，则物料（煤）的重力在胶带方向的分力超过了物料与胶带表面的静摩擦力，物料（煤）就会在胶带表面向下滑动或滚动，造成运输量下降、堵塞、压带等事故。

（2）胶带机系统要有保护安全装置。保护安全装置有：防止胶带倒转装置；紧急停机装置；胶带机连锁装置；胶带机超负荷过电流装置；防止人员被胶带机碰伤装置。

（3）输送机设备各部位有良好的润滑。

（4）胶带机上方要安装拣铁器。因为煤在开采选洗和前段运输中可能混进铁器，如将其带入磨煤机，使磨煤机损坏，特别是中速磨要求更为严格；其次，铁物进入磨煤机易与钢球等金属物碰撞产生火花，成为煤粉爆炸的点火源。另外，铁物易于划伤胶带影响输送。

（5）进胶带机前要安装滑筛。因为煤在煤场存放和前段运输中可能混进矸石或帆布的苫盖物，如将其带入给煤机或磨煤机，使给煤机停转或磨煤机振动，特别是中速磨要求更为严格。

对其他运输机械的要求是：运输机械设备各部位要有良好的润滑，不要超出其额定负荷。

2.6.3　原煤储运系统的故障及处理

原煤储运系统的故障及处理主要包括：

（1）胶带机跑偏。全胶带跑偏是因为胶带两边张力不平衡所致，可用调整心轮两侧螺栓来处理；胶带局部跑偏是因为部分托辊不转、转动不灵活、脱落或局部胶带黏结，应更换处理。

（2）输送机突然停车。是因为输送机运载物料超负荷、输送机张力太大或电器线路故障。应卸下部分物料并查找原因后处理。

（3）胶带机打滑。是因为胶带机负荷大、胶带张力不够或胶带表面有水，应根据打滑原因，减轻胶带负荷，适当增加胶带张力，往胶带表面涂皮带油以增加其摩擦力。

（4）胶带机跑煤。如转运站漏斗挂煤严重，堵塞都会引起跑煤，处理漏斗挂煤和堵塞；如连锁失灵，前部胶带机停车，本胶带机没停，使漏斗过满跑煤，查找前机停车、连锁失灵原因并及时处理。

（5）输送机系统的轴瓦过热。如是轴瓦缺少润滑油，则应适当注油。如轴瓦磨损或轴与轴瓦不配套，则应进行检修更换轴或轴瓦。如润滑油油质差或有杂物，则应改用质量好的润滑油和去除杂质。

（6）桥式起重机钢丝绳故障。如是钢丝绳选型不对或润滑不足，会引起钢丝绳磨损迅速，则应改型并加强润滑；如是经常歪拉斜吊或滑轮有缺口，则会引起钢丝绳脱槽，应加强操作或选用交叉咬合的滑轮。

（7）桥式起重机小车打滑或抖动。如是小车梁或大车梁变形造成，则应进行校正；如是制动器太紧或太松，则应调节制动器驱动系统或闸皮；如是车轮轴承坏、减速机某输出轴接手坏造成，则应及时更换。

2.6.4 原煤储运系统的设备点检

原煤储运系统的主要设备点检项目有两项：

（1）天车。天车的点检方法有目测、听音、手触、工具校验、仪器测量及其他检测方法，见表2-5。

表2-5 天车点检内容、方法和常见故障处理

点检部位	点检项目	点检内容	点检周期	设备状态		点检方法	点检标准	常见故障	相应故障浅析
				运行	停机				
抓斗	抓斗	焊口开合	次/班		停	敲、看	无开焊、开合灵活	1. 钢丝绳脱槽； 2. 钢丝绳挤绳、断绳； 3. 限位失灵； 4. 减速机故障	1. 原因：煤量大、灯光暗、操作失误； 处理：增加照明、合理安排抓煤时间、精心操作。 2. 原因：雾大、操作失误； 处理：精心操作，及时检查并更换钢丝绳。 3. 原因：电气故障； 处理：更换。 4. 原因：减速机轮齿断、出入轴轮齿坏； 处理：更换减速机
	钢丝绳	性能位置			停	看	无断股、无脱槽		
	绳轮	运转			停	看	转动灵活、各销钉完好		
小车	绳筒	运转性能	次/班		停	看、听	不乱绳、无杂音、螺丝无松动		
	电机	运转温度		运		摸、听、看	无杂音、不发热		
	变速箱	性能温度		运		摸、听、看	无杂音、不发热、不漏油、不缺油		
	抱闸	磨损开合			停	看、听	闸皮完好无松动、开合灵活可靠		
	行走部分	性能		运		看、听	无跑偏、无杂音、不啃轨、道轨良好		

续表 2－5

点检部位	点检项目	点检内容	点检周期	设备状态		点检方法	点检标准	常见故障	相应故障浅析
				运行	停机				
大车	电机	运转温度	次/班	运		摸、听、看	无杂音、不发热	1. 钢丝绳脱槽； 2. 钢丝绳挤绳、断绳； 3. 限位失灵； 4. 减速机故障	1. 原因：煤量大、灯光暗、操作失误； 处理：增加照明、合理安排抓煤时间、精心操作； 2. 原因：雾大、操作失误； 处理：精心操作，及时检查并更换钢丝绳； 3. 原因：电气故障； 处理：更换； 4. 原因：减速机轮齿断、出入轴轮齿坏； 处理：更换减速机
	变速箱	性能温度		运		摸、听、看	无杂音、不发热、不漏油、不缺油		
	抱闸	磨损开合			停	看、听	闸皮完好无松动、开合灵活可靠		
	行走部分	性能		运		看、听	无跑偏、无杂音、不啃轨、道轨良好		
电气	操作室	开合	次/班		停	看、试	各开关灵活、各触点到位		
	行程开关	性能			停	看、试	动作准确、固定可靠		
	小车滑线	性能			停	看	行走灵活、牵引钢丝绳完好		
车体	大梁	焊口	次/班		停	看	无开焊、无断裂		

（2）系统储运设备。系统储运设备的点检方法同前，详见表 2－6。

表 2－6　原煤储运系统的设备点检

点检部位	点检项目	点检内容	点检周期	设备状态		点检方法	点检标准	常见故障	相应故障浅析
				运行	停机				
给煤机	电　机	本　体	次/班	运		摸、听	不烫手、无杂音	1. 给煤机整体振动； 2. 皮带跑偏； 3. 皮带打滑； 4. 受煤斗或原煤仓冻仓	1. 原煤堵塞使煤托盘不能达到最大行程，曲臂则反向作用，致使给煤机前罩摆动，电机与减速机不同心。应及时清理积煤； 2. 皮带漏煤，托辊不转动。应停车进行清理和更换并及时调整； 3. 原煤水分大，煤量过大和托辊损坏过多均会引起皮带打滑，应及时更换损坏的托辊和控制煤量。加松香可防止打滑； 4. 原煤水分大，及时清仓，合理上煤
	减速机	机壳地脚		运		摸、听	无漏油、无杂音、不松动、不烫手		
	机　体	外壳地脚		运		看、摸、听	无异常振动、不漏煤		
皮带系统	输送带	输送带	次/班	运		看	无破损、接头完好		
	机　尾	机尾轮、托辊		运		看、听	转动灵活、辊齐全、无杂音		
	机　架	支架、漏斗煤板			停	看	无开焊、无变形、无漏煤		
	电动滚筒	电机滚筒、地脚		运		看、摸、听	无杂音、运转灵活、无振动、螺丝无松动		

续表 2－6

点检部位	点检项目	点检内容	点检周期	设备状态		点检方法	点检标准	常见故障	相应故障浅析
				运行	停机				
除铁器	吊挂装置	吊 挂	次/班		停	看	无锈蚀、无断股	1．给煤机整体振动； 2．皮带跑偏； 3．皮带打滑； 4．受煤斗或原煤仓冻仓	1．原煤堵塞使煤托盘不能达到最大行程，曲臂则反向作用，致使给煤机前罩摆动，电机与减速机不同心。应及时清理积煤； 2．皮带漏煤，托辊不转动。应停车进行清理和更换并及时调整； 3．原煤水分大，煤量过大和托辊损坏过多均会引起皮带打滑，应及时更换损坏的托辊和控制煤量。加松香可防止打滑； 4．原煤水分大，及时清仓，合理上煤
环保除尘器	反吹风机	外壳电机	次/班	运		看、摸、听	不变形、不漏粉、不烫手、无杂音		
	电机减速机	电机减速机		运		看、摸、听	不烫手、无杂音、不漏油、灵活		
	布 袋	看出口		运		看	无黑烟		
受煤斗	受煤斗	斗 体	次/班		停	看	不漏煤		
原煤仓	原煤仓	仓 体	次/班		停	看	不漏煤		
皮带秤	皮 带	皮 带	次/班		停	看	无破损、接头完好		
	电 机	本 体	次/班	运		听、看、摸	无杂音、不烫手		
	插 板	插 板	次/班		停	看	不变形		
	辊 筒	辊 筒	次/班	运			运转灵活、无振动		

复习思考题

2－1 按煤化程度煤可分为哪几类？

2－2 煤是由哪些成分组成的？

2－3 煤有哪些物理性质？

2－4 高炉喷吹用煤应具备哪些主要工艺性能？

2－5 高炉喷吹对煤的要求是什么？

2－6 原煤储运系统有哪些主要设备，各设备有什么作用？

2－7 原煤运输机械常见的有哪些故障，如何处理？

2－8 原煤仓为什么大多采用双曲线锥体？

2－9 防止煤自燃应采取哪些措施？

2－10 影响煤粉爆炸的因素有哪些？

2－11 煤粉为什么能被输送？

2－12 测定煤的着火点有什么意义？

2－13 什么是标准煤？

3　煤粉的制备

3.1　制粉系统工艺流程

一般喷吹用的煤粉要求粒度较细，主要是便于煤粉在风口前能迅速而完全燃烧，因此，需要将原煤磨制成粉状。制粉系统包括原煤装卸、贮运、磨煤、干燥和煤粉收集设施。煤粉制备的任务是把原煤安全地加工成粒度为 -200 目的占 70% 以上，水分含量低于 2% 的符合喷吹要求的粉煤，并将制备好的粉煤输送到煤粉仓。制粉系统的工艺流程见图 3-1。

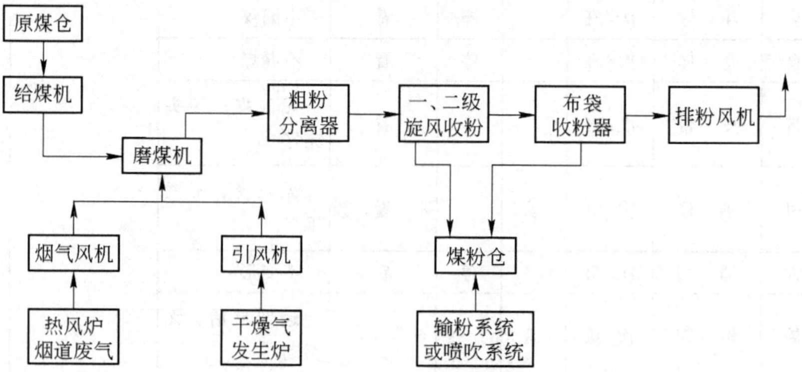

图 3-1　制粉系统的工艺流程

随着技术的进步，这一工艺中的一些设备也在不断更新，磨煤机由低速的球磨机改为中速磨煤机，它们自身带有粗粉分离设备。所以工艺流程中不再设有粗粉分离器。另外，由于布袋收粉器性能的提高，使长流程变为短流程，省去了热风炉烟气引风机、排烟风机和布袋后的二次风机，仅在布袋后设置一台排粉风机。

3.2　制粉系统的主要设备

制粉系统主要由干燥气系统、磨煤系统及煤粉收集三大部分组成。

3.2.1　干燥气系统

干燥气系统是为磨煤机提供干燥剂和输送介质的加热装置。通常用干燥炉或燃烧炉完成。

干燥炉或燃烧炉的作用是，向磨煤设施提供300℃左右的热烟气来作为煤粉的干燥剂和输送气。制粉干燥气分为燃烧炉干燥气、热风炉烟气干燥气和混合干燥气 3 种。

高炉喷吹对干燥气的要求是：（1）给制粉系统提供足够的热量用于降低煤粉中的水分；（2）具备一定的运动速度以携带煤粉进行转运和分离；（3）能降低煤粉制备系统的含氧浓度。

制粉常用干燥气系统是由烟气引风机、燃烧炉、助燃风机和烟气管道等组成，其工艺流程见图 3-2。

热风炉烟气从热风炉烟气总烟道由引风机抽到燃烧炉与由燃烧炉燃烧高炉煤气新产生的高

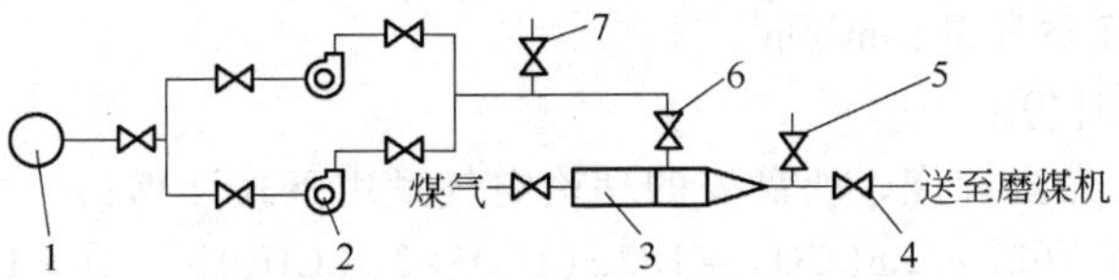

图 3－2　混合干燥器系统工艺流程

1—热风炉烟气主烟道；2—烟气引风机；3—燃烧炉；4—干燥气隔断阀；
5—干燥气放散阀；6—烟气调节阀；7—烟气放散阀

温烟气相混合，达到 200～280℃送给磨煤机。

3.2.1.1　燃烧炉干燥气

燃烧炉干燥气是将高炉煤气引入燃烧炉内燃烧，再兑入一定量的冷空气，使烟气温度降到300℃左右，再经磨煤机入口的负压，抽入磨煤机中干燥煤粉。燃烧炉干燥气用的燃料一般可以是固体燃料和气体燃料。固体燃料有原煤和煤粉；气体燃料有高炉煤气、焦炉煤气。但由于固体燃料燃烧污染空气，因而已不再使用，而高炉煤气具有发热值低，适合制粉需要 300℃以下的干燥气的要求。另外，高炉冶炼又自产煤气，这样还可以废物利用，节约能源。因此，现大多使用高炉煤气，而不用焦炉煤气。

高炉煤气是高炉生产的副产品，其热值较低，但生产数量较大（每吨生铁大约可产生 1500～2000m³ 煤气），特点是无色、无味、有剧毒、易燃、易爆。高炉煤气的成分、发热值及理化性能见表 3－1。

表 3－1　高炉煤气理化性能

化学成分/%				发热值 Q/kJ·m^{-3}	密　度 /kg·m^{-3}	爆炸范围/%	着火温度/℃
CO_2	CO	H_2	N_2				
10～20	21～30	1.2～3.0	55～57	2900～3700	1.295	40～70	700

高炉煤气的发热值是指 1m³ 的煤气在完全燃烧的情况下所能放出的热量，称为煤气发热值，它有高低之分。高炉煤气的发热值低于焦炉煤气的发热值。

燃烧炉干燥气的特点是，温度和流量易于控制，但含氧量高，适合于无烟煤制粉系统。

燃烧炉的结构是由炉体、烧嘴、进风门、送风阀、混风阀、烟囱及助燃风机组成。炉膛内不砌蓄热砖，只设花格挡火墙。烧嘴分为有焰烧嘴和无焰烧嘴两种。有焰烧嘴又分为扩散式、大气式和低压式；无焰烧嘴有高压喷射式。此种烧嘴不宜在煤气压力低和炉膛容积小的条件下使用。烟囱设在炉子的出口端，其顶端设有盖板阀。由于制粉系统的磨煤机启动频繁，并有突然切断热烟气的可能，因此，该阀是燃烧炉的主要设备。燃烧炉的烟囱应具有足够的排气能力和产生炉膛负压的能力。

燃烧炉的燃烧方式：燃烧方式一般按煤气与空气混合方式的不同可分为 3 种：即有焰燃烧、无焰燃烧、半焰燃烧。

为保证燃烧炉内的煤气完全燃烧，在实际操作中，燃烧煤气所用的实际空气量一般都大于理论空气量，我们把实际空气量与理论空气量的比值，叫做空气过剩系数。用 n 表示

$$n = L_{实}/L_{理} \tag{3-1}$$

式中　n——空气过剩系数；

$L_{理}$——燃烧需要的理论空气量，m³/m³；

$L_{实}$——燃烧用实际空气量，m^3/m^3。

燃烧炉用空气量的计算：

（1）每立方米煤气完全燃烧，所需要的理论空气量用下式计算：

$$V_{理}=4.762[1/2\varphi(CO)+1/2\varphi(H_2)+2\varphi(CH_4)+\cdots]\times 1/100 \qquad (3-2)$$

式中　$V_{理}$——每立方米煤气完全燃烧的理论空气量，m^3/m^3；

$\varphi(CO)$、$\varphi(H_2)$、$\varphi(CH_4)$——分别为煤气中相应成分的体积分数，%。

（2）实际空气需要量：

$$V_{实}=nV_{理} \qquad (3-3)$$

式中　$V_{实}$——实际空气需要量，m^3/m^3；

n——空气过剩系数。

（3）燃烧炉煤气量用下式计算：

$$V_{煤}=\frac{\frac{q_2}{\eta\gamma}c_{烟}t_{烟}}{Q_{低}} \qquad (3-4)$$

式中　$V_{煤}$——1kg原煤所需煤气量，m^3/kg；

q_2——1kg原煤需燃烧炉烟气量，kg/kg；

γ——燃烧炉烟气的体积质量，kg/m^3；

η——燃烧炉的热效率；

$c_{烟}$——燃烧炉烟气热容，$kJ/(m^3\cdot ℃)$；

$t_{烟}$——燃烧炉烟气温度，℃；

$Q_{低}$——煤气的发热值，kJ/m^3。

燃烧炉正常工作状态的标志是：

（1）炉子设备正常运转，各阀门开关灵活准确，无漏风漏气现象，工作场所含 $\varphi(CO)<30mg/m^3$。

（2）炉子燃烧稳定合理，炉内火焰呈橘红色，透明清晰，可见对面炉墙。

（3）烟气成分正常，CO_2 为23%～26%，O_2 为1.0%～4.5%，CO为0，空气过剩系数为1.10～1.20。

（4）燃烧产物的温度、压力稳定，达到规定要求。

（5）仪器仪表、调节装置运转正常。干燥气的温度、流量、成分稳定，能达到制粉工艺的要求。

3.2.1.2　热风炉烟气干燥气

热风炉干燥气是高炉热风炉烧炉时的烟气，它亦可作为磨制煤粉的干燥气，既可利用它的余热，又可惰化制粉系统的气氛，是实现烟煤制粉系统安全的重要条件。

它的特点是温度偏低，波动大，一般较少单独使用，只有在热风炉烟气温度较高的中小高炉制粉系统中使用。

3.2.1.3　混合干燥气

混合干燥气是把热风炉烟气从热风炉烟气总烟道由引风机抽到燃烧炉中，与燃烧炉燃烧高炉煤气新产生的高温烟气相混合，达到200～280℃时送给磨煤机。热风炉烟气和燃烧炉燃烧气混合起来的气体，前者的温度在150～300℃，用量一般为90%～95%，后者的温度为900～

1000℃，用量占5%～10%。两者混合后的温度可控制在磨煤机入口要求的范围内（200～280℃）。

它的特点是适合磨制各种煤，特别是烟煤，是制粉系统的常用干燥气。

3.2.1.4 干燥气系统的安全

A 防止煤气中毒

干燥气系统用的高炉煤气、焦炉煤气、混合煤气中都含有大量的一氧化碳，特别是燃烧不完全时，产生的一氧化碳会更多。一氧化碳是一种无色、无味、剧毒的气体，它的密度与空气相近。一氧化碳一旦扩散到空气中，它既不上升也不下降，长时间随空气流动，人们很难发现，极易吸入。一旦吸入一氧化碳后，一氧化碳立即与人体血液中的血红蛋白相结合，生成碳氧血红蛋白，影响了氧与血红蛋白的正常结合，使血红蛋白失去了携氧能力，造成人体各部位缺氧，特别是人的大脑细胞对氧的灵敏度最高，只要8s得不到氧就丧失活动能力，失去知觉，即造成一氧化碳中毒。防止煤气中毒的措施有：

（1）在新建、大修后的高炉投产以前，必须经过煤气防护部门的检查验收，严密性试验合格方可使用。

（2）发生煤气设备漏气，应立即处理。应对煤气可能泄漏场所做定期检查，并用肥皂水试漏。在煤气易发生泄漏处安装煤气报警仪。

（3）带煤气作业，如抽、堵盲板，堵漏等必须佩戴防毒面具，且必须由两人参与作业。

（4）进入煤气设备内部作业，必须确认可靠切断气源，赶净煤气，经检测合格后方可作业。

（5）严禁在煤气设备附近设生活间、休息室，严禁在煤气设备附近休息、取暖。煤气设备场所应设警示牌。

（6）严禁用煤气取暖，不准私自乱接煤气。

B 防止煤气爆炸

煤气与空气（或氧气）的混合物，在一定条件下，瞬间发出光和热，燃烧生成的气体受热后体积迅速膨胀，造成压力冲击波，使容器、建筑物和周围物体受到破坏，同时发出巨响，这种现象叫煤气爆炸。防止燃烧炉系统煤气爆炸的措施有：

（1）燃烧炉在点火作业前，打开烟道将炉内的残余气体抽净。

（2）点炉作业应先点火后给气，如火灭了应先抽气一段时间再行点火。

（3）在煤气管道和设备上动火，必须检验煤气含量，合格后方可动火。凡停产的设备必须及时处理净残余煤气。

（4）煤气设备送气时，必须经爆发试验，连续三次合格方允许点火。

（5）抽盲板等带煤气作业，一定要使用铜质工具，作业点40m以内，严禁动火。

C 干燥气系统的安全规定

（1）在煤气区域经常工作的地点，一氧化碳的含量不大于30mg/m^3，超过时应遵守：一氧化碳的浓度在50mg/m^{3}时，连续工作时间不得超过1h；一氧化碳的浓度在100mg/m^{3}时，连续工作时间不得超过0.5h；一氧化碳的浓度在200mg/m^{3}时，连续工作时间不得超过15～20min。

（2）煤气设备严禁泄漏煤气，如发现泄漏，必须立即处理。

（3）烧炉点炉时应先点火后给气，如点不着或灭火时，应立即关闭煤气阀和空气阀。

（4）在生产的煤气管道和设备上动火，要先办理好动火手续，准备好防毒面具、灭火器械，煤气压力保持正压，方可进行。

（5）煤气管道上的快切阀要保持正常，当煤气压力低于设计时能立即切断煤气，并发出警报。

（6）启动引风机、助燃风机前要检查电机对轮及风机是否有卡或不灵活，如有应及时处理，然后再进行运转。

（7）系统各阀门，应经常检查润滑系统，保证开关灵活准确。

（8）各电器设备发生故障时，不准乱动，应及时报检修人员处理。

（9）燃烧炉的炉膛温度，最高不得超过1200℃，最低不得低于700℃，一般应保持在900～1000℃。

（10）干燥气的温度最高不得超过300℃，正常维持在180～250℃。

（11）干燥气的含氧量不得超过6%。

3.2.2 磨煤系统

磨煤系统的任务是将煤通过给煤机均匀送到磨煤机中，把煤磨成规定粒度的煤粉。

3.2.2.1 给煤机

对煤粉制备系统给煤机的要求是：

（1）能满足制粉煤量的要求，并能灵活准确地调节煤量。

（2）密封性能好，漏风率低，对生产高挥发分易燃易爆煤种尤为重要。

（3）设备坚固耐用，寿命长，易维护。

煤粉制备系统常用的给煤机的种类有：圆盘给煤机、埋刮板给煤机、电磁振动给煤机。

A 圆盘给煤机

圆盘给煤机结构如图3－3所示。这种给煤机具有给料均匀稳定，易调节，设备体积小等优点。但漏风系数较大，密封性差，已不能满足喷吹烟煤的要求，生产上多用于无烟煤喷吹系统。这种给煤机常用以下方法调节给煤量：（1）调节挡板插入盘内深度；（2）采用变速电机调节给煤机圆盘转速；（3）调节套筒的高度。

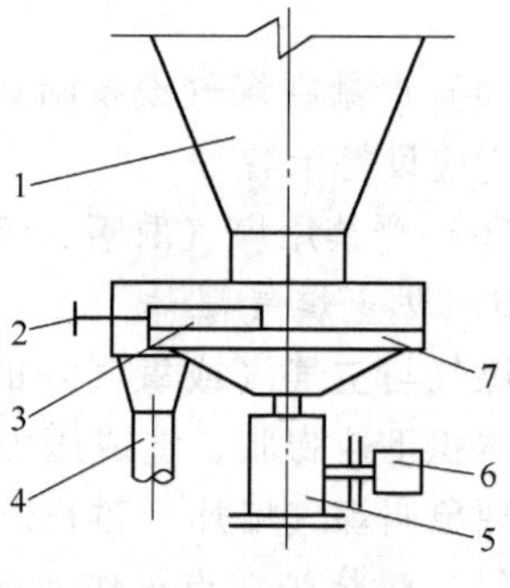

图3－3 圆盘给煤机

1—原煤仓；2—调节手轮；3—挡板；4—下料管；5—减速机；6—电动机；7—圆盘

B 刮板给煤机

刮板给煤机结构如图3－4所示。这种给煤机其工作原理是可调速电动机带动链轮和链条，而链条上装设刮板在壳体内轨道上滑动，刮板可将原煤仓排出的原煤刮出并输送到磨煤机下煤管，落入磨煤机内。煤量由可调速电动机调节埋刮板运行速度来调节，速度快则煤量大，反之则煤量小。也可以通过埋刮板输料厚度和出口调节煤量。这种给煤机密封性好，是生产高挥发分煤粉、减少磨煤机入口漏风与系统含氧量较为理想的给煤设备。另外，还具有调节煤量灵活稳定并能发送断煤和过载信号的优点。其缺点是结构复杂，维护量大，对原煤质量要求较严，但目前仍被广泛应用。

C 电磁振动给煤机

电磁振动给煤机结构如图3－5所示。这种给煤机由给煤槽和电磁振动器组成，其工作原理是电流通过电磁铁线圈为半波整流脉冲信号，正半波通电带磁，铁心发生动作，负半波断电失磁，铁心停止动作并借弹簧使其恢复原位，料槽内的煤即不断被振动向前移动进入磨煤机下

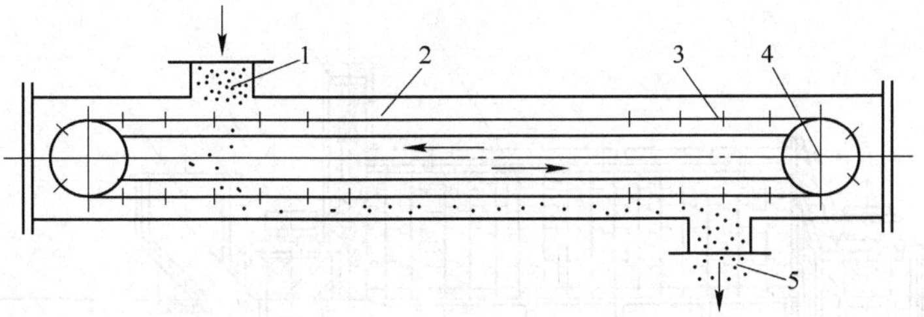

图 3－4 刮板给煤机
1—进料口；2—壳体；3—刮板；4—星轮；5—出料口

煤管内。它具有结构简单，无传动器件，不用润滑及易于维修等优点。但是该装置不适合输送含水分高、黏性大的煤，且对使用环境的温度和湿度要求严格，要求环境温度不低于20℃。

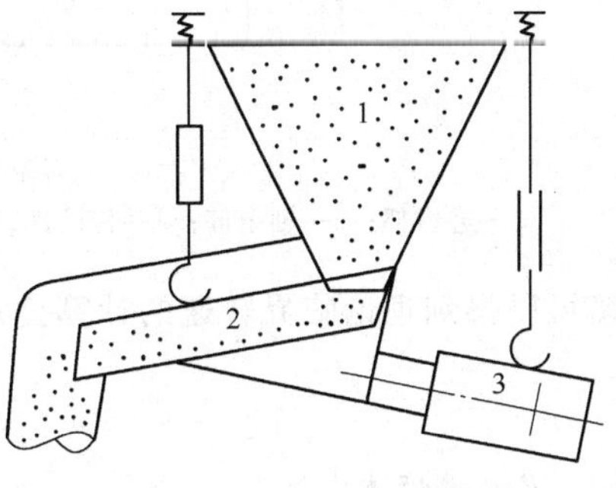

图 3－5 电磁振动给煤机
1—煤斗；2—料槽；3—电磁振动器

3.2.2.2 磨煤机

磨煤机是将原煤研磨成细度合格的煤粉，且被干燥气烘干输入到煤粉管道中的一种设备。它决定着制粉的整个工艺流程。磨煤机的出力是以原煤而不是以煤粉为基准进行计算的，磨煤机的出力按下式计算：

$$B_m = \frac{Q_y}{T_m - T_n} \quad (3-5)$$

式中 Q_y——原煤的小时最大需煤量，t/h；

T_m——磨煤机台数，一般选用2台以上，当一台设备出现突然事故不能运行时，还有一台继续运行，这样可以防止突然停止供煤，但磨煤机台数不宜过多，一般从互为备用和操作维护考虑，以2台较为适宜；

T_n——磨煤机备用台数，按磨煤机正常检修维护时间选择备用台数，一般可按0.5～1.0台选取。T_m 值小时，T_n 取高值；T_m 值大时，T_n 取低值。

磨煤机按其结构和工作原理可分为低速磨、中速磨和高速磨三种。目前我国采用的磨煤机主要是低速筒式钢球磨煤机和中速磨煤机。

A 低速筒式钢球磨煤机

低速筒式钢球磨煤机又简称为球磨机。球磨机的构造如图3－6所示。球磨机是由转动的筒体、进出料口、烟气口和传动机构组成。转动的筒体内装有耐磨衬板及适量的钢球，两端装有出入口端盖及空心轴，进料端还装有传动的大齿圈，进出料口处的空心轴上装有轴承，坐在轴承座上。传动机构包括电机、减速器和传动的小齿轮。

球磨机的工作原理是：转动的筒体将钢球带到一定的高度后，钢球沿着抛物线下落，把在衬板表面的原煤砸碎，而处在钢球与衬板之间的底层钢球、钢球与钢球之间也由于筒体的移动发生相对运动，把其间的煤粒带动碾磨成细粉。

影响球磨机生产能力的因素是：球磨机的转速和装球量。转速过快，会因离心力过大而使钢球紧贴内壁不能下落，原煤无法粉碎；转速过慢，会因钢球提升高度不够而减弱粉碎作用，降低了球磨机的效率。

当钢球获得的离心力等于钢球自身的重力时，筒体的转速称临界转速（r/min）。根据力的

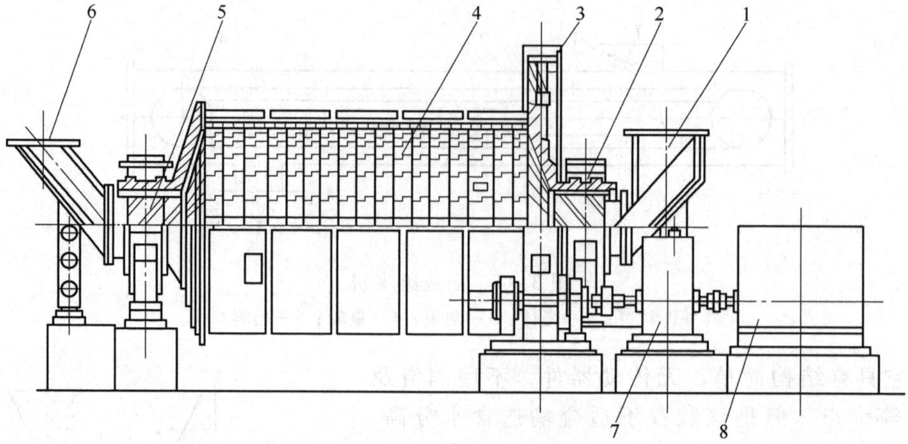

图 3－6　筒式球磨机结构图

1—进料部；2—轴承部；3—传动部；4—转动部；5—螺旋管；6—出料部；7—减速机；8—电动机

平衡可以得到理论临界转速的计算公式：

$$n_{临}=\frac{30}{\pi}\sqrt{\frac{g}{R}} \tag{3-6}$$

式中　R——筒体内半径，m；

g——重力加速度，$g=9.8\text{m/s}^2$。

由上式可知，临界转速取决于筒体内径 R，而与钢球质量无关。筒体内径越小，临界转速越大。在正常生产时，筒体转速应略低于理论临界转速。

生产实践证明，磨煤机能力最强时圆筒的最佳转速为：

$$n_{佳}=0.76n_{临} \tag{3-7}$$

式中　$n_{佳}$——球磨机圆筒的最佳转速，r/min；

$n_{临}$——球磨机圆筒的临界转速，r/min。

球磨机装球量在实际生产中应根据煤质、装煤量等进行调整。装球量过多，一方面增加了球与球之间的摩擦，使球损增加，另一方面球频繁砸衬板，使衬板寿命缩短；装球量过少，减少了碰撞，不能充分利用筒体，磨煤效率低。

球磨机中钢球是沿筒体长度方向均匀分布的，因此，筒体出口端煤粒被钢球磨碎的机会比入口端多，煤粉的均匀性指数较差。另外，为防止磨煤系统内积粉，应采取以下措施改善球磨机入口下煤条件：(1) 球磨机进料口底部的下半部管与水平的夹角应大于58°。(2) 磨煤用干燥剂进口管中心线应与球磨机筒体中心线的投影成一条直线。(3) 球磨机进料处布置的防爆孔管、回粉管等应保证不积粉。(4) 应尽量降低原煤含水量，使之不大于10%。(5) 设计中尽量使下煤管垂直与球磨机进料口相接，并使下料管断面积与球磨机进料口断面积接近。

球磨机的特点是：对原煤的品种要求不高，结构简单，操作可靠，设备运行稳定，便于检修维护。但设备质量大，占地面积大，耗电量大，而且噪声大，同时由于其密封性差，不适于磨制高挥发分烟煤。

我国生产的球磨机型号和规格见表 3－2。

安装球磨机应注意的事项是：在球磨机的安装和运转过程中，应注意小齿轮的位置，防止煤粉进入小齿轮，如小齿轮安装位置不当，使小齿轮受力不均，有可能拔断其地脚螺栓使粉煤进入。而粉煤进入将增加运转中的摩擦力，损坏小齿轮和轴承乃至电机。

表 3-2　国产球磨机型号

型号 DTM	产量 /t·h^{-1}	筒体直径 /mm	筒体长度 /mm	最大装球量 /t	出口尺寸 /mm	主电动机		设备总重 /t
						电压/V	功率/kW	
210/260	4	2100	2600	10	ϕ600	3000	155	37
210/330	6	2100	3300	13	ϕ650	3000	170	38.5
250/320	8	2500	3200	18	ϕ750	6000	280	51.1
250/390	10	2500	3900	25	ϕ800	6000	320	54.24
290/350	12	2900	3500	26	ϕ850	6000	380	74.51
290/410	14	2900	4100	30	ϕ850	6000	475	74.5
290/470	16	2900	4700	35	ϕ950	6000	570	81.2
320/470	20	3200	4700	44	ϕ1050	6000	650	101.2
320/570	25	3200	5700	50	ϕ1310	6000	800	110
350/600	30	3500	6000	59	ϕ1450	6000	1000	142
350/700	35	3500	7000	69	ϕ1550	6000	1120	150
380/650	40	3800	6500	75	ϕ1700	6000	1250	193
380/720	45	3800	7200	85	ϕ1700	6000	1400	199.5
380/830	50	3800	8300	95	ϕ1700	6000	1000	219.5
380/869	55	3800	8690	105	ϕ1700	6000	1800	214

注：设备总重量不包括主电动机重量。

B　中速磨煤机

中速磨煤机是目前新建制粉系统普遍采用的磨煤机。其优点是：结构紧凑，占地面积小，电耗低，噪声小，密封性好，适于磨制烟煤。其缺点是磨煤元件易损，磨制水分高的煤较为困难。此外，中速磨煤机不能磨硬质煤，原煤中的铁件和其他杂物必须全部去除。

对中速磨煤机转速要求比较严格，其转速要适宜：转速过低时，磨煤能力低；转速过高时，煤粉粒度过粗。因此，转速一般为 50～300r/min。

中速磨煤机可分为平盘磨煤机、碗式磨煤机、MPS 磨煤机（辊式和环式结构）和 E 型磨煤机。

（1）平盘磨煤机：平盘磨煤机的结构如图 3-7 所示。转盘和辊子是平盘磨煤机的主要部件。电动机通过减速机带动转盘旋转，转盘带动辊子转动，煤在转盘和辊子之间被研磨，它是依靠碾压作用进行磨煤的。碾压煤的压力包括辊子的自重和弹簧拉紧力。

图 3-7　平盘磨煤机结构示意图
1—原煤入口；2—气粉出口；3—弹簧；4—辊子；5—挡环；6—干燥气通道；7—气室；8—干燥气入口；9—减速箱；10—转盘

原煤由给煤管送到转盘的中部，依靠转盘转动产生的离心力使煤连续不断地向转盘边缘移动，煤在通过辊子下面时被碾碎。转盘边缘上装有一圈挡环，可防止煤从转盘上直接滑落出去，挡环还能保持转盘上有一定厚度的煤层，提高磨煤效率。

干燥气从风道引入风室后，以大于35m/s的速度通过转盘周围的环形风道进入转盘上部。由于气流的卷吸作用，将煤粉带入磨煤机上部的粗粉分离器，过粗的煤粉被分离后又直接回到转盘上重新磨制。在转盘的周围还装有一圈随转盘一起转动的叶片，叶片的作用是扰动气流，使合格煤粉进入磨煤机上部的粗粉分离器。

此种磨煤机装有2~3个锥形辊子，辊子有效深度约为磨盘外径的20%，辊子轴线与水平盘面的倾角一般为15°，辊子上套有用耐磨钢制成的辊套，转盘上装有用耐磨钢制成的衬板，辊子和转盘磨损到一定程度时就应更换辊套和衬板，弹簧拉紧力要根据煤的软硬程度进行适当的调整。

（2）碗式磨煤机：碗式磨煤机的结构如图3－8所示。它是由辊子和碗形磨盘组成，故称碗式磨煤机。它沿钢碗圆周布置3个辊子用于磨煤。碗式磨煤机的工作原理是，原煤从中心的给煤管喂入，落到磨碗上，磨碗由电动机通过星齿轮带动旋转，落到旋转碗上的煤，在离心力的作用下，甩向碗周缘，正好落在磨碗上两者之间保持一定的间隔，无直接的金属接触，当原煤通过磨辊和磨碗之间时，被研磨成粉，以磨好的煤粉继续向外移动，最后沿磨周溢出。

热烟气从磨煤机风口进入机体并围绕磨碗周缘由下而上，煤粉被热烟气干燥并携带上升，较重的粗颗粒在分离器内分离出来又返回磨碗重磨，较轻的细小煤粉通过分离器上部的折向门装置在锥体内产生旋流，折向门的角度决定悬流的速度和煤粉颗粒的细度，细度不合格的煤粉沿锥体内壁从悬流中分离出来返回磨碗进一步研磨，而细度合格的煤粉被烟气带出磨煤机。

（3）MPS磨煤机：MPS磨煤机的结构如图3－9所示。它是辊与环结构，配置3个大磨辊，磨辊的位置固定，互成120°角，与垂直线的倾角为12°~15°，主动旋转的磨盘在转动时还有一定程度的摆动。磨碎煤粉的碾磨力可以通过液压弹簧系统调节。原煤的磨碎和干燥借助干燥

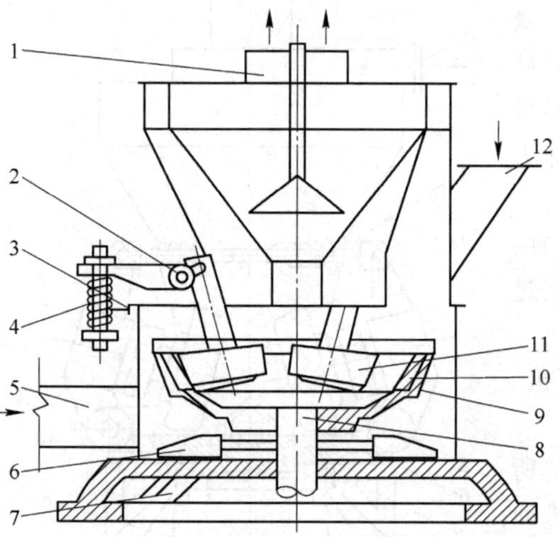

图3－8　碗式磨煤机结构示意图

1—气粉出口；2—耳轴；3—调整螺丝；4—弹簧；5—干燥气入口；6—刮板；7—杂物排放口；8—转动轴；9—钢碗；10—衬圈；11—辊子；12—原煤入口

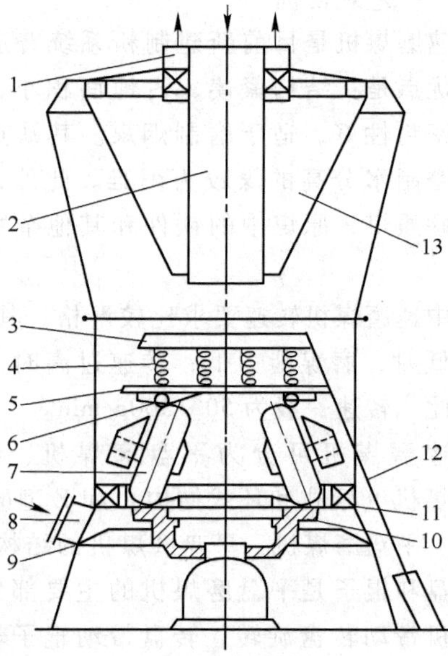

图3－9　MPS磨煤机结构示意图

1—煤粉出口；2—原煤入口；3—压紧环；4—弹簧；5—压环；6—滚子；7—磨辊；8—干燥气入口；9—刮板；10—磨盘；11—磨环；12—拉紧钢丝绳；13—粗粉分离器

气的流动来完成，干燥气通过喷嘴环以70~90m/s的速度进入磨盘周围，用于干燥原煤，并且提供将煤粉输送到粗粉分离器的能量。合格的细颗粒煤粉经过粗粉分离器被送出磨煤机，粗颗粒煤粉则再次跌落到磨盘上重新碾磨。原煤中较大颗粒的杂质可通过喷嘴口落到机壳底座上经刮板机构刮落到排渣箱中。煤粉粒度可以通过粗粉分离器挡板的开度进行调节，它与其他形式的中速磨相比具有出力大、碾磨件使用寿命长、磨煤电耗低、设备可靠、运行平稳等特点。新建的中速磨系统大多采用这种磨煤机。

(4) E型磨煤机（是一种新型磨）：E型磨煤机的结构如图3-10所示，其研磨、烘干、分离和输送都在一简单的单元设备中。其工作原理是，物料由中央送进旋转的研磨机，由此再将煤平均地分布在磨球和下磨环之间，研磨后的物料沿着磨环的凹形边缘向外加速，然后顺着热气流均匀地被干燥，并被带到上方的分离器。在此过程中，不合格的颗粒重新落入研磨机构中，合格的颗粒则流向分离器。此分离器确保了符合规定细度的产品离开磨煤机，体积过大的颗粒将重复循环再次研磨。

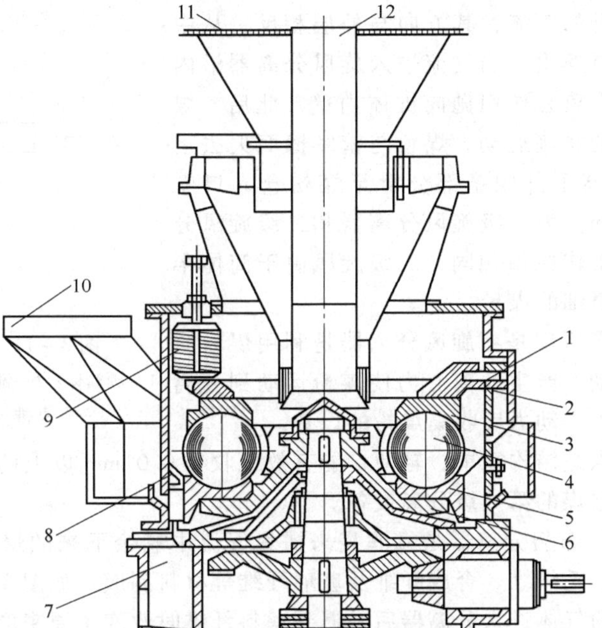

图3-10 E型磨煤机示意图

1—导块；2—压紧环；3—上磨环；4—钢球；5—下磨环；6—辊架；7—石子煤箱；8—活门；9—弹簧；10—热风进口；11—煤粉出口；12—原煤进口

E型磨煤机的特点是噪声低，使用寿命长，其研磨元件功能是免维修的，对于密封、润滑、换油和内部轴承的更换，不需要人为计划的停机，具有自我调整的液压张紧系统，和同等能力的磨煤机相比，节能效果明显，磨煤机出力均匀。因此，E型磨更加经济和安全，具有更好的发展潜力。

C 煤粉收集设备

煤粉收集设备分为分离设备和收集设备。在磨煤机内磨碎的粉煤，被输送载体烟气带出，其中一部分粒度较粗，大于规定要求。另一部分粒度较细，为合格粉。因此，需要将粒度大于规定的粉煤分离出来，并送回磨煤机内继续磨制，而另一部分合格煤粉被载体烟气带离磨煤机进行分离。先进入粗粉分离器后进入旋风或布袋分离设备进行与粉的分离。

（1）粗粉分离器。粗粉分离器结构原理较简单，主要是依靠重力的作用将气体分离。粗粉分离器是一个截面积扩大的筒体，当载粉气流进入后，由于载粉气流速度降低，大颗粒煤粉在重力作用下降落，由返粉管返回球磨机重磨，颗粒合格的细小的煤粉继续随气流前进，进入旋风分离器。

（2）旋风分离器。旋风分离器的结构是由一个带锥形底的垂直圆筒构成，如图3－11所示。含煤粉的废气流沿口径不大的进气管口高速进入后，大部分烟气在外圆筒与中央排气管之间自上而下地做螺旋运动，小部分气体向上，受到顶盖的阻碍又返回与大部分废气一道下旋，大部分气体随圆锥形的收缩而转向收尘器的中心，受底部所阻而返回，组成一股上升的气流，其方向与外层相反，从中间向上由排气管逸出器逸出。当气流进入旋风分离器沿内壁向下旋转时，煤粉因离心作用抛向锥体内壁，此后，煤粉质点与废气以不同的轨迹运动，煤粉与壁摩擦而失去运动惯性，沿旋风分离器下部圆锥部分滑至煤粉仓入口管道。根据旋转半径不同分为一级旋风分离器和二级旋风分离器，它们的结构与工作原理相同，二级旋风由于筒体半径减小，它能收集到更细的煤粉。

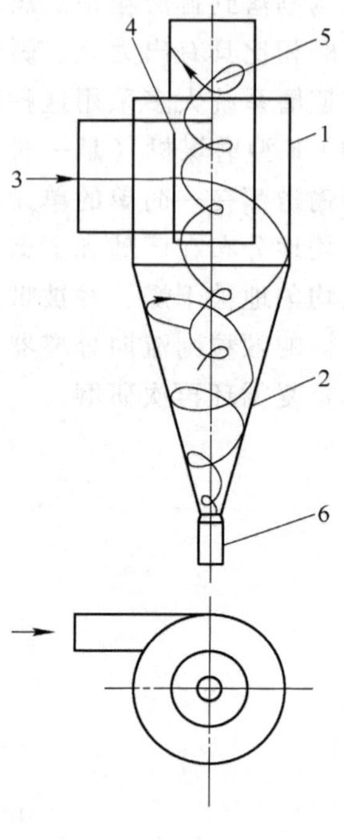

图3－11　旋风分离器简图

1—圆筒体；2—锥体；3—进口管；4—顶盖；5—中央排气管；6—灰尘卸料口

旋风分离器的工作原理是：旋风分离器是利用煤粉质点在气流中做曲线运动，产生的离心力使煤粉运动到分离器内壁处并接触，而失去动力后收集煤粉的设备。

旋风分离器的特点是结构简单，轻便，能有效地收集0.01mm以上的煤粉。所以，通常把它当作制粉系统中合格煤的第一级分离设备。

（3）布袋分离器。布袋分离器是靠滤袋来捕集气流中剩余下来的煤粉设备，也叫精收粉器。滤袋可用棉纤维、毛纤维、合成纤维及玻璃纤维等材料制成，如图3－12所示。布袋分离器的工作原理是，含粉气体进入分离器后，遇到滤料纤维时改变了原来的运动方向，绕纤维而过，但较粗、较重的粉粒在惯性力的作用下与滤袋碰撞被截留下来。质轻、体小的煤粉（0.0001mm左右），能够迅速地环绕着纤维随气流方向变化，接近气流的流线。细微颗粒是受气体分子热运动所支配的，它们受热运动气体分子冲击后，便脱离原来的运动方向，当含粉气体从滤料空隙（纤维旁边）流过时，因纤维间空隙小于气体分子热运动的自由路径的粉粒，而与纤维表面碰撞接触，使其从气流中分离出来。这种分离器由于反吹冲力较小，分离能力不够高，并且受布袋上口的密封以及布袋支撑架的稳定性影响较大，所以现逐渐被取代。

（4）脉冲式分离器。脉冲式分离器的结构见图3－13。气箱式脉冲布袋收粉器的工作原理是，当气体和煤粉的混合物由进风口进入灰斗后，一部分凝结的煤粉和较粗颗粒的煤粉由于惯性碰撞，自然沉积到灰斗上，细颗粒煤粉随着气流上升进入气袋室，经滤袋过滤后，煤粉被阻留在滤袋外侧，净化后的气体由滤袋内部进入箱体，再经阀板孔出口排出，达到收集煤粉的作用。随着过滤的不断进行，滤袋外侧的煤粉逐渐增多，阻力逐渐增大，当达到设定阻力或一定时间间隔时，清灰程序控制器发出清灰指令。

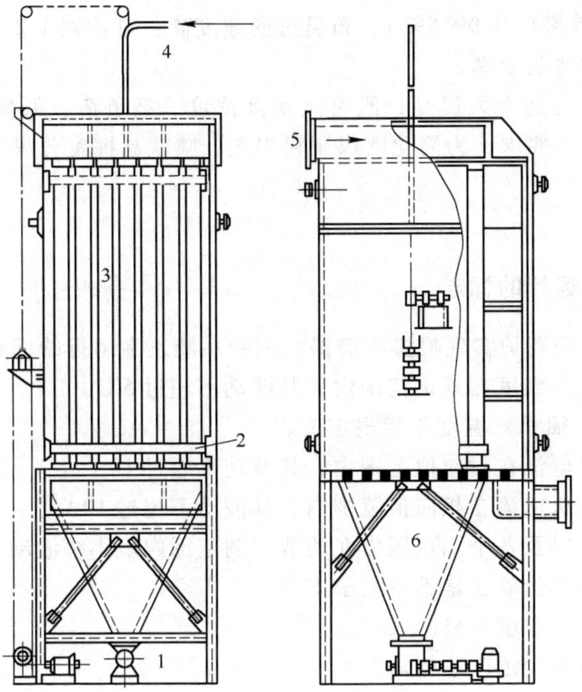

图 3-12 反吹风气环式布袋分离器

1—排粉阀；2—气环箱；3—布袋；4—反吹风入口；5—含粉气入口；6—集煤粉斗

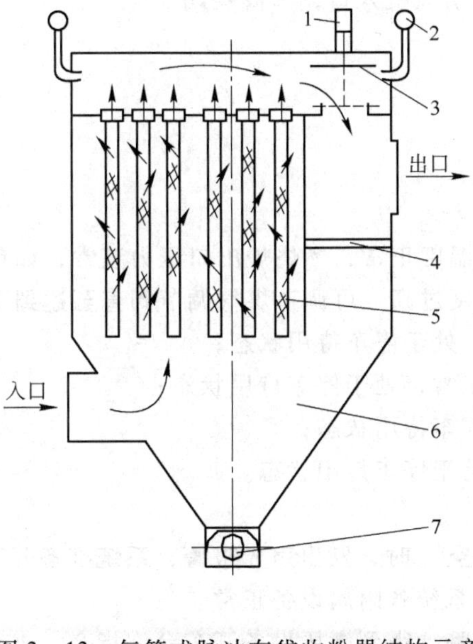

图 3-13 气箱式脉冲布袋收粉器结构示意图

1—提升阀；2—脉冲阀；3—阀板；4—隔板；5—滤袋及袋笼；6—灰斗；

7—叶轮给煤机或螺旋输送机

气箱式脉冲布袋收粉器的特点是处理粉尘浓度高，分离效果好（排放气体含粉尘浓度在100mg/m^3 以下，分离效果可达99.5%），布袋过滤速度高，可达到1.2～2.0m/s，布袋的使用寿命长，并具有较高的清灰效率。

由于脉冲式分离器性能大大提高，既可满足高浓度、高负荷、低排放指标，又能满足长寿、易维护、安全可靠的要求，为简化喷煤制粉工艺，喷吹高挥发分煤种提供了良好的条件。

3.3　制粉操作

3.3.1　制粉系统正常运行的标志

制粉系统正常运行是高炉实现喷煤的前提，制粉系统正常运行的标志是：

(1) 磨煤机出、入口温度在规定范围内，其波动不超过5℃。

(2) 磨煤机轴瓦（轴承）温度不超规定值。

(3) 磨煤机电动机电流在对应值范围内，其波动不超过10A。

(4) 排烟风机电动机电流在相应值范围内，其波动不超过10A。

(5) 磨煤机出、入口及各个测点压力在调节控制范围内呈小幅波动。

(6) 磨烟煤时，各部位氧含量不得大于12%。

(7) 煤粉分析水分、粒度合格。

(8) 系统排放气体含尘浓度达标。

3.3.2　制粉的操作程序

3.3.2.1　制粉系统手动操作

A　原始状态

(1) 废烟气引风机停车，引风机入口调节阀关闭。

(2) 热风调节阀关闭。

(3) 热风放散阀关闭。

(4) 冷风阀打开。

(5) 排粉风机入口调节阀关闭。

(6) 燃烧炉处于待用状态。

燃烧炉放散阀打开，炉内温度正常，燃烧炉出口压力正常，如负压过高，可调节燃烧炉放散阀直至调节正常位置。如温度过高，可调节煤气调节阀直至达到下列要求：

1) 中速磨系统设备正常，处于停车待用状态；

2) 布袋收粉器系统设备正常，处于停车待用状态；

3) 排粉风机正常，处于停车待用状态；

4) 其他附属设备正常，处于停车待用状态。

B　开车程序

当煤粉仓下料位指示“料空”时，发出声光报警，系统准备开车，操作步骤如下：

(1) 操作人员确认中速磨系统各附属设备正常。

(2) 操作人员与配电室联系，得到高压设备开车允许指令，进行系统开车操作：

1) 启动中速磨机的密封风机，启动中速磨机的稀油站和高压油站；

2) 启动煤粉筛，启动布袋收粉器灰斗下的星形卸料机；

3）启动布袋收粉器系统；

4）打开热风放散阀，启动废烟气引风机，打开入口调节阀；

5）启动排粉风机，待风机运转稳定后，打开排粉风机入口调节阀，打开热风调节阀，关闭冷风阀，关闭热风放散阀。调小燃烧炉放散阀，调节系统风量达到要求，调节燃烧炉温度达到送风要求；

6）调节煤气调节阀，加大助燃空气量，燃烧炉进入送风状态；

7）当中速磨机出口温度达到规定温度或布袋收粉器入口温度达到规定温度时，将中速磨机的磨辊抬起。启动中速磨主电机；

8）启动刮板机给煤，中速磨机的磨辊加载，调节给煤量稳定中速磨出口温度，如原煤含水过高，可将中速磨出口温度提高；

9）调节排粉风机入口调节阀来调节系统风量；

10）调节煤气调节阀和助燃空气放散阀，燃烧炉热风放散阀以及高炉热风炉废气调节阀来调节系统温度，同时调节燃烧炉放散阀来调节燃烧炉内压力，防止炉膛正压；

11）调节热风调节阀来调节系统各点压力；

12）转入正常操作。

C 停车程序

（1）调节煤气调节阀，减少煤气量，调节冷风阀，降低中速磨入口温度。

（2）停刮板给煤机，停止给煤。

（3）停中速磨主电机。

（4）停废烟气引风机，关闭入口调节阀，打开热风放散阀。

（5）停排粉风机，关闭排粉风机入口调节阀，关闭中速磨入口热风调节阀。

（6）打开燃烧炉放散阀，关闭热风放散阀，调节煤气调节阀和助燃风调节阀，燃烧炉转入待用状态。

（7）停止布袋收粉器系统。

（8）停止布袋收粉器灰斗下的星形卸料机。

（9）停止煤粉筛。

（10）停中速磨的稀油站和高压油站。

（11）停中速磨的密封风机。

系统转入原始状态。

3.3.2.2 制粉系统自动操作程序

A 原始状态

（1）废烟气引风机停车，引风机入口调节阀关闭，废烟气调节阀关闭。

（2）热风调节阀关闭。

（3）热风放散阀关闭。

（4）冷风阀打开。

（5）排粉风机入口调节阀关闭。

（6）燃烧炉处于待用状态。

燃烧炉放散阀打开，炉内温度700～900℃之间，燃烧炉出口压力－100～0Pa，如负压过高，可将燃烧炉放散阀关闭10%，直至调节正常位置；如温度过高，可将煤气调节阀向小的方向调节10%，直至调节达到要求。

（7）中速磨系统设备正常，处于停车待用状态。

（8）布袋收粉器系统设备正常，处于停车待用状态。

（9）其他附属设备正常，处于停车待用状态。

B 自动运行

前提：中速磨系统处于待用状态（磨辊抬起）。

自动运行需进行设置的参数：

中速磨入口压力	-1500～0Pa
中速磨出口温度	70～110℃
系统风量	40000～70000m^3/h

给煤机给煤量随时可设定调整。

在自动运行位置，当煤粉仓下料位指示料空时，或者启动自动运行按钮，自动运行程序开始执行。在执行自动启动过程中，不得转为手动操作，待系统转入正常后，确定阀门位置符合相应条件，方可进行转换操作。

3.3.2.3 制粉系统开车前注意事项

（1）检查氮气系统压力是否大于0.4MPa。

（2）中速磨齿轮箱油池油温不应低于25℃。

（3）中速磨推力瓦油槽油温不应高于40℃。

（4）系统阀门开关到位：废烟气引风机入口阀、助燃风机入口阀、热风入口调节阀、排粉风机入口调节阀关，助燃风机放散阀、燃烧炉放散阀、热风放散阀、冷风阀开。

（5）确认原煤仓有煤，原煤仓下料位亮。

（6）确认烟煤配比正常。

（7）排粉风机、密封风机启动后，密封风与一次风压差不小于1.96kPa。

（8）磨辊信号在下降位置。

（9）给煤机上部插管是否关闭。

（10）高炉煤气、焦炉煤气压力是否大于2.0kPa。

3.3.3 制粉系统的故障及处理

制粉系统常见的故障是：

（1）蝶阀打不开。处理办法是：

1）首先检查电路；

2）检查气路电磁阀换向；

3）检查机械（汽缸、连杆）故障。若机械故障强制时要用扳手固定阀心。

（2）原煤仓抽空特征及处理方法是：

1）入口压力变为正压；

2）原煤仓有落煤的撞击声；

3）燃烧炉膛正压。

处理时按停车前半步程序进行。

（3）氮气系统故障及处理：突然停氮气或提升阀或缓冲罐发生故障造成提升阀全部关闭。现象：排粉风机风量迅速降为零，但排粉风机依然运行。

处理：紧急停车。停给煤机、中速磨、排粉风机，同步调节燃烧炉各阀门保证炉膛负压，进入正常停车程序。

（4）中速磨震磨，现场煤层指示一高两低正常运行有吐煤现象及处理。

处理：应立即进行停车，若关节轴承发生故障不能及时提辊，立即停给煤机，中速磨，进行紧急停车。

原因：磨辊有异物卡住。

后果：磨辊不转局部摩擦产生高温损坏磨辊、磨盘。

(5) 密封风机故障停机或密封风与一次风压差小于1.47kPa。

处理：紧急停车。停给煤机、中速磨，排粉风机，同步调节各阀门保证炉膛负压，进入正常停车程序。

后果：煤粉进入磨辊轴承造成设备事故。

(6) 布袋收粉器跳闸：应停给煤机，抬起磨辊，停下燃烧炉部分，待修复后进行给煤。

原因：跳闸后不能进行有效反吹。

后果：煤粉黏结布袋，透风率减小，增加排粉风机负载损坏电机，布袋受压增大减少使用寿命，布袋挂粉易脱落。

(7) 中速磨正常行车时，煤层突然加厚，压差增大，吐煤。

原因：加载力突然减小或没有加载力。

处理：立即停止给煤抬起磨辊，停下燃烧炉部分，待恢复后重新给煤。

后果：煤粉进入磨辊轴承造成设备事故。

(8) 液压站油温升高。

处理：应立即停车。

后果：油温升高破坏油质。

(9) 轴承温度升高。

处理：检查冷却水故障，紧急停车，首先停中速磨电机。

后果：烧坏轴瓦、轴承。

(10) 开车时冷风阀失灵不能关闭。

处理：停下燃烧炉部分，修复后再进入开车程序。

后果：系统氧含量高，易造成系统着火。

(11) 热风炉烟气引风机故障停机。

处理：立即停车，首先关闭热风阀，防止系统氧含量升高且继续升温，发生着火爆炸。

(12) 气动阀门故障。应采用检查机械，检查气路，检查电路，检查气动换向阀换向、通气状况有针对性的处理。

(13) 停电的处理：

1) 复位；

2) 关热风阀，开冷风阀，系统充防爆氮气；

3) 在高挥发分煤条件下先充氮气，待分离器出口温度降至90℃以下且不再上升时再打开冷风阀，严格控制氧含量；

4) 转入正常停车状态；

5) 处理输送系统。

(14) 粗粉分离器堵塞。

现象：风量加不上去，制出的粉粒度细，停车后磨机内的细粉开密封风机时由冷风阀吹出。

原因：分离器扇门被絮状物堵塞（风道短路）：

处理：清理粗粉分离器。

(15) PLC柜故障。

主控室磨机 PLC 柜掉闸的处理：

1）现场控制柜断电，造成主控室内掉闸，中速磨系统自动断电系统停车，电力恢复后开车；

2）液压站或稀油站及传输信号故障造成主控室内 PLC 控制柜断电，现场控制柜没断电，中速磨系统继续行车，应立即停下中速磨电机，再做其他停车处理，恢复后开车；

若不及时停车有可能造成中速磨电机轴瓦温度过高使轴瓦报废，造成大的事故（主控室内控制柜断电稀油站停，不能为中速磨电机、减速机提供必要的润滑和冷却）。

（16）磨机系统温度升高。磨机入口温度急剧升高，粗粉分离器出口温度升高，判断系统温度升高。处理办法是：

1）关闭高炉煤气调节阀，打开中速磨防爆氮气阀门，打开布袋收集器入口防爆阀门，观察磨机入口温度及分离器出口温度变化，若温度无下降趋势，进行紧急停车；

2）通知各岗位紧急停车，顺序停给煤机、中速磨电机、排粉风机，可不进行插管、抬放磨辊操作；

3）停助燃风机、引风机，关闭热风调节阀，打开冷风阀，打开热风放散阀、燃烧炉放散阀；

4）打开给煤机上盖，观察系统温度，当入口温度降至 250℃ 以下，分离器出口温度 80℃ 以下且不再上升时，关闭中速磨防爆氮气阀，关闭布袋收集器入口防爆阀；

5）打开布袋收集器箱体，观察布袋高温损害程度，无明显温度过高变质现象，系统可重新开车；

6）系统启动后，检测布袋收粉器粉尘排放情况。排放正常，系统恢复正常运行。

（17）布袋收粉器故障。

现象：室内检测反吹正常，现场脉冲阀开启时间长，气包压降大。

原因：脉冲阀继电器轻度粘连。

处理：更换继电器或修复继电器。

（18）煤粉制备应急事故。处理办法是：

1）全部停电的应急处理：在系统运行过程中，突然断电处理程序如下：

①系统设备计算机确认停止；

②关闭热风调节阀；

③现场手动打开中速磨防爆阀、氮气阀，关闭控制气源；

④现场手动打开布袋收粉器防爆氮气阀，关闭控制气源；

⑤现场打开氮气总管旁通；

⑥观察中速磨入口温度 200℃ 以下，布袋收集器入口温度 80℃ 以下且不再上升时，打开冷风阀，打开刮板给煤机上部手孔；

⑦关闭各防爆阀，转入正常停车状态。

在处理过程中，密切注意磨机入口温度和布袋入口温度及氧含量，以控制温度为主。

2）高压停电的处理：

①打开热风放散阀、燃烧炉放散阀，关闭热风调节阀；

②打开中速磨防爆氮气阀；

③打开布袋收粉器防爆氮气阀；

④观察中速磨入口温度 200℃ 以下，布袋收粉器入口温度 80℃ 以下且不再上升时，打开冷风阀，打开刮板给煤机上部手孔；

⑤关闭各防爆阀，转入正常停车状态。

在处理过程中，密切注意磨煤机入口温度和布袋入口温度及氧含量，以控制温度为主。

3）给煤机故障的处理：对磨煤机抬辊的处理：

①打开热风放散阀、燃烧炉放散阀，关闭热风调节阀；

②风量降至30000m^3/h左右，打开中速磨防爆氮气阀，打开布袋收粉器防爆氮气阀，开冷风阀50%；

③观察布袋收粉器出口压力不超过规定值，调节排粉风机风量；

④观察中速磨入口温度200℃以下，布袋收粉器入口温度80℃以下且不再上升时，打开冷风阀100%和刮板给煤机上部手孔；

⑤关闭各防爆阀，转入正常故障处理状态。

在处理过程中，密切注意磨煤机入口温度和布袋入口温度及氧含量，以控制温度为主。

(19) 磨煤机润滑油压低。

1) 故障原因：

①润滑油系统泄漏；

②油泵故障；

③润滑油过滤器堵塞；

④润滑油油温低（黏度高）；

⑤油箱油位过低。

2) 处理方法：

①若发现油系统泄漏应及早停运磨煤机和油泵，联系检修处理；

②若油泵故障应紧急停运磨煤机和油泵，联系检修处理；

③若滤网差压大，应切换滤网，并联系检修清洗滤网；

④若润滑油油温低（黏度高），应检查油箱加热器是否正常；

⑤若油箱油位过低，联系检修加油。

(20) 磨煤机油温异常。

1) 故障原因：

①冷却器冷却水量不正常；

②冷却器结垢或堵塞；

③油箱加热器不正常投运。

2) 处理方法：

①调整冷却水流量；

②联系检修清理冷却器；

③检查油箱加热器是否故障。

(21) 振动筛堵塞。

1) 故障原因：

①设计筛孔偏小；

②杂物堵塞筛孔；

③振动器振幅偏小；

④振动器电机故障；

⑤弹簧损坏。

2) 处理方法：

①选用适宜的筛孔；

②及时清理振动筛；

③调节振动器振幅；

④更换振动器；

⑤更换损坏弹簧。

3.4 制粉系统设备点检

制粉系统点检的主要设备有球磨机、中速磨煤机和干燥炉系统。

（1）球磨机。点检方法有：目测、听音、手触、工具校验、仪器检测及其他检测方法，见表3－3。

表3－3 球磨机点检内容、方法和常见故障处理

点检部位	点检项目	点检内容	点检周期	设备状态		点检方法	点检标准	常见故障	相应故障分析
				运行	停机				
球磨机	大瓦润滑	布油孔油封	次/班	运		看	各油孔畅通、角度不变、不漏油、不跑粉	1. 断油、断水，堵，漏； 2. 球磨机轴瓦、润滑油站超过50℃； 3. 排粉风机、运行中有异响	1. 原因：管道堵、破裂，油管道过滤网堵塞； 处理：焊补管道、加压冲洗油管路，清洗过滤网（以上操作必须停车）； 2. 原因：冷却水管路不畅； 处理：加压处理（必须停车处理）； 3. 原因：缺油，导风罩掉； 处理：及时补充油，更换电机
	空心轴	大瓦	次/班	运		仪测、看	温度稳定、无上升趋势、不漏油、不跑粉		
	回水漏斗	冷却水	次/班	运		看	水流畅通、足量		
	大齿圈	大、小齿轮	次/班		停	听、看	无杂音、无跳动、不缺油、咬合完好		
	筒体	衬板	次/班	运		听、看	不漏粉、无杂音		
		螺丝			停	摸、看	不松动		
减速机	减速机	轴承	次/班	运		听、摸	无杂音、不烫手		
		地脚			停	听、摸	螺丝不松动		
		外壳			停	听、摸	无裂纹、不漏油		
主电机	电机	地脚	次/班		停	看	不松动、螺丝紧固		
		线圈		运		摸、看	齐全、不烫手		
润滑站	润滑站	油箱、油管、地脚	次/班		停	看、摸	不漏油、无裂纹、螺丝紧固、不松动		
		油量			停	看	油位在1/2～2/3处		
		油泵		运		听、看	无杂音、不漏油		
		一次仪表		运		看	灵敏、技术准确		
		电机		运		听、摸	无杂音、不烫手		

（2）中速磨煤机。点检方法有目测、听音、手触、工具校验、仪器检测及其他检测方法，见表3－4。

表 3-4 中速磨煤机点检内容、方法及常见故障处理

点检部位	点检项目	点检内容	点检周期	设备状态		点检方法	点检标准	常见故障	相应故障分析
				运行	停机				
主电机	电机	运转温度	次/班	运		摸、听	温度正常、无异音、振动不明显	1. 磨机运转不正常； 2. 运行期间分离器温度太高或太低，分离器温度提高很快	1. 原因：①碾磨件间有异物；②磨盘内无煤或煤量少；③导向板磨损或间隙过大；④碾磨件损坏；⑤蓄能器中 N_2 过少或气囊损坏； 处理：①停机，清除异物，检查磨机内部件是否脱落；②处理落煤管；③更换或调整间隙；④更换；⑤停磨和高压站，充气检查蓄能器； 2. 原因：①一次风温度控制装置故障及控制失灵；②磨机内着火，分离器温度高于110℃； 处理：①将一次风温度转换为人工控制并消除故障；②应紧急停机，打开磨机灭火阀通入 N_2，直至温度降低
	轴承线圈	温度		运		仪测、摸	定子绕组温度不高于80℃、轴承温度不高于65℃		
	电气	运行		运		仪测	电流、电压稳定、无异音		
减速机	本体	运行	次/班	运		看、听	运行平稳、无异音		
	外观	紧固			停	看、摸	各部螺栓齐全、无松动		
	止推轴承及油池	温度油位		运		仪测、看	温度正常、油位正常		
磨机本体	磨辊	运转	次/班	运		看、听	转动灵活、无异音		
	人孔	密封		运		看	连接严密无漏风		
	各部螺栓	紧固			停	看、摸	齐全、无松动		
	本体	运转		运		看、听	运行平稳		
液压、润滑系统	电机	温度运转	次/班	运		听、摸	温度正常、无异音、振动不明显		
	油缸	运转密封		运		看	油缸工作灵活、无漏油		
	开关	开关		运		看	各线开关灵活、无卡阻		
	各管接头	密封		运		看	各管接头无漏油		
	油品	油位油压		运		仪测	油位、油压、压差正常		
盘车装置	电机	运转	次/班	运		听、摸	无异音、振动不明显		
密封风机	电机	运转	次/班	运		听、摸	无异音、振动不明显		
	本体	运转		运		听、摸	平稳、无异音		
分离器	调节装置	运转	次/班		停	看	润滑良好		

（3）干燥炉系统。点检方法：目测、听音、手触、工具校验、仪器检测及其他检测方法，见表3－5。

表3－5　干燥炉点检内容、方法及常见故障处理

点检部位	点检项目	点检内容	点检周期	设备状态		点检方法	点检标准	常见故障	相应故障浅析
			岗位	运行	停机				
干燥炉	壳体	壳体	次/天		*	目测	无明显裂缝、破损	1. 炉子灭火、煤气泄漏； 2. 水封跑煤气； 3. 风机联轴器磨损、柱销松动	原因：操作不当，煤气阀门开度过小，负压过大，容易灭火，炉子倒火，容易灭火； 处理：打开放散阀门，关闭所有的烧嘴、煤气阀门，切断煤气，关闭热风阀门
煤气管道	管道及法兰	腐蚀、泄漏	次/天	*		目测、仪测	无开焊、不漏煤气、无锈蚀		
煤气水封	阀门	泄漏	次/班	*		目测、仪测	阀门密封良好、无泄漏		
	本体	腐蚀			*	目测	无开焊、不漏煤气		
放散阀	本体	阀体、管道	次/天		*	目测	管道无开焊、阀门动作灵活		
	执行机构	电机运转、润滑			*	目测、听音	电机运转正常，油位正常，润滑良好		
引风机	入口阀	阀体、执行机构	次/班	*		目测、仪测	动作灵活、润滑良好		
	机体	外壳			*	目测、手触	无变形、地脚螺丝无松动		
		轴承		*		听音、目测	无杂音、轴温低于50℃		
		联轴器			*	目测、手触	销子连接紧固		
	电机	轴承		*		目测、手触	无杂音、轴温低于50℃		
煤气阀门	阀体	裂纹	次/班	*		目测	无龟裂		
	法兰	密封		*		目测、手触	无漏气，螺丝无松动		
中速磨助燃风机	本体	运转	次/班	*		听音、目测	无异音、无明显振动		
	基础	螺栓			*	目测、手触	齐全、无松动		
	联轴器	柱销			*	目测、手触	销子连接紧固、胶圈完好		

（4）制粉系统。点检方法是目测、听音、手触、工具校验、仪器检测及其他检测方法，见表3－6。

表3－6　制粉系统点检内容、方法及常见故障处理

点检部位	点检项目	点检内容	点检周期	设备状态		点检方法	点检标准	常见故障	相应故障浅析
			岗位	运	停				
圆盘给煤机	机体	外壳	次/周	*		目测	无破损、不变形漏煤	1. 圆盘给料机堵； 2. 布袋收集器冒黑烟； 3. 振动筛筛网坏，振动电动机坏； 4. 粗粉分离器堵	原因：有杂物、原煤水分高
		吊挂部分			*	目测、听音	螺丝不松动、无裂纹、钢架无杂音		
		传动部分		*		目测、听音	无振动、不漏油、油位指示		
	电机	线圈、轴承		*		听音、手触	无杂音、不烫手		
锁气器	锁气器	外壳轴	次/周	*		目测	无破损、不漏粉、转动灵活		
粗粉分离器	粗粉分离器	外壳	次/周	*		目测	无破损、不漏粉		
		防爆板			*	目测	防爆板完好		
布袋收集器	汽缸	运转	次/周	*		目测	动作灵活、无卡阻	布袋坏，冒黑烟	风压高，使用时间过长，导致布袋坏，布袋质量差
	布袋	破损			*	目测	布袋无破损、冒黑烟		
	脉冲阀	运转		*		听音、目测	动作正常		
	软连接	性能			*	目测	无断裂、漏风		
	防爆门、顶盖	密封		*		目测	关闭严密、无漏风		
星型卸料机	电机减速机	运转	次/天	*		听音、手触	无异音、无明显振动		
	叶轮	运转		*		目测、听音	转动平稳、无卡阻异音		
	链条	性能			*	目测	完好、伸长不超过一个节距		
	轴封	密封		*		目测	严密、不漏煤粉		
振动筛	振动电机	运转	次/班	*		目测、仪测	无异音、温度不高于65℃	振动筛筛箱裂，密封不严	原因：振动筛振幅大，电动机运行不平稳，造成筛箱振裂
	弹簧	性能			*	目测	完好、无折断脱落		
	检查门	密封		*		目测	密封严密		
	箱体	开裂			*	目测	无龟裂、变形		
	筛网	破损			*	目测	无破损、变形		

续表 3-6

点检部位	点检项目	点检内容	点检周期	设备状态		点检方法	点检标准	常见故障	相应故障浅析
			岗位	运	停				
刮板给煤机	插板	磨损	次/天		*	目测	磨损量小、不漏煤	1. 链条断；2. 链条松	原因：1. 给煤机内有杂物，卡链条使链条卡断；2. 链条由于运行时间较长，链节之间的磨损，间隙变大，使链条松
	检查门	密封		*		目测	密封严密		
	电机、减速机	运转		*		听音、仪测	无异音、无明显振动		
	本体	运转		*		听音、手触	无异音、无明显振动		
煤泥刮板机	本体	密封、裂纹	次/天	*		目测	密封严密	1. 链条断；2. 链条松	原因：1. 链条之间的螺栓脱落；2. 链条运行节距磨损
	电机减速机	运行		*		听音、仪测	无异音、无明显振动		
	链条	磨损、螺栓			*	工具效验	螺栓连接紧固、松紧正常		
氮气总管调节系统	手动截止阀	密封	次/天	*		目测、听音	不漏气		
	气动调节阀	密封		*		手触、听音	不漏气		
氮气充压系统	气动薄膜调节阀	运转、密封	次/天	*		目测、听音	动作灵敏、不漏气		
	气动球阀	运转、密封		*		目测、听音	动作灵敏、不漏气		
	缓冲罐	密封		*		目测、听音	不漏气		
流化松动装置	气动球阀（流3、冲4）	运转、密封	次/天	*		听音、目测	动作灵敏、不漏气		
控制气阀组	减压阀	密封、运转	次/天	*		听音、目测	不漏气、减压正常		
	电磁阀组	密封、运转		*		听音、目测	不漏气、换向正常		
	控制气气包	密封		*		听音、目测	不漏气		
流化系统	气动薄膜调节阀	密封、运转	次/天	*		听音、目测	不漏气、调节灵敏		
	流化管路	密封		*		听音、目测	接头不漏气		
	流化床	温度		*		手触	各部位温度均匀		

续表 3-6

点检部位	点检项目	点检内容	点检周期	设备状态		点检方法	点检标准	常见故障	相应故障浅析
			岗位	运	停				
放散管路及粉仓	气动球阀（放1、放2）	运转、密封	次/天	*		手触、听音	动作灵敏、不漏气		
	粉仓	密封		*		听音	不漏煤		
钟阀、蝶阀	汽缸	运转、密封	次/天	*		目测、听音	动作灵敏、不漏气		
	传动机构	运转			*	目测、听音	动作灵活、不缺油		
	钟阀密封圈	密封		*		目测、听音	不漏气、不泄压		
输煤管线	四道输煤管路及N2管路	密封	次/天	*		手触、听音	不漏气、不漏煤		
	气动球阀（输煤、吹扫）	密封		*		手触、听音	不漏气、不漏煤		

复习思考题

3-1 煤粉制备的任务是什么？

3-2 高炉喷吹对干燥炉提供的干燥气的要求有哪些？

3-3 煤粉制备使用哪几种球磨机，各有什么特点？

3-4 筒式球磨机的结构和工作原理如何？

3-5 中速球磨机分为哪几种类型？

3-6 对煤粉制备系统的给煤机有什么要求，常用的给煤机分为哪几类？

3-7 磨煤机操作过程中应注意哪些事项？

3-8 制粉系统正常运行的标志是什么？

3-9 干燥气系统有哪些安全规定？

3-10 球磨机的工作原理是什么，影响球磨机生产能力的因素有哪些？

3-11 E型磨的工作原理及优点有哪些？

3-12 为什么燃烧炉干燥气大多使用高炉煤气？

3-13 为什么高炉煤气易使人中毒？

3-14 如何防止煤气中毒？

3-15 燃烧炉正常工作状态的标志是什么？

3-16 改善球磨机入口下煤条件的措施有哪些？

4 煤粉的输送

4.1 煤粉输送的工艺流程

煤粉的输送是指将煤粉仓的煤粉以气体（空气或氮气）为载体，利用压差进行的气力输送。这种气力输送是由设在煤粉仓下面的输送泵来完成的。输送泵出口接有煤粉运输管道，可以将煤粉送至喷吹罐组。

高炉喷吹对煤粉输送的要求主要是：

(1) 系统中运输量、管道风速和运输用风压三个参数大、小要合适，以便将规定粒度和数量的散料输送到要求的距离。

(2) 合适的初始风速，应保证煤粉在输送过程中不沉积下来。

(3) 管道运输应少用阀门和减少弯道，弯道应平缓，以便减少阻力损失和磨损。

(4) 输送烟煤时，要控制输送系统中的含氧量、温度和火源，要有相应的安全措施。

输送系统的工艺流程见图 4－1。

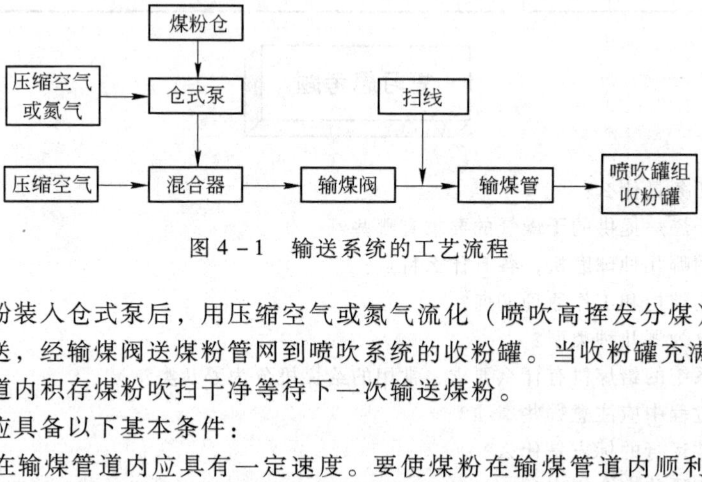

图 4－1　输送系统的工艺流程

煤粉仓的煤粉装入仓式泵后，用压缩空气或氮气流化（喷吹高挥发分煤）后进入混合器，再用压缩空气输送，经输煤阀送煤粉管网到喷吹系统的收粉罐。当收粉罐充满后，停止送煤并用压缩空气将管道内积存煤粉吹扫干净等待下一次输送煤粉。

煤粉的输送应具备以下基本条件：

(1) 输送风在输煤管道内应具有一定速度。要使煤粉在输煤管道内顺利运行，就必须使煤粉颗粒在管道内处于悬浮状态。因为煤粉颗粒受重力作用而沉降，当输送介质在输送管道内流动时，产生推力而使其前进，而且输送介质速度越高，煤粉颗粒越易悬浮，反之则易沉降。当输送介质速度达到一定值时，煤粒就不会沉降而处于悬浮状态，此时的流速称为悬浮速度或叫沉降速度。因此，为使煤粉在输煤管道内顺利地被输送，就必须有一定的输送介质速度 $v_{沉}$ (m/s)。可由下面公式计算：

$$v_{沉}=5.11\sqrt{\frac{\gamma_s\cdot d}{\gamma_a}} \tag{4-1}$$

式中　d——煤粉颗粒直径，mm；

γ_s——煤粉真密度，kg/m^3；

γ_a——输送介质密度，kg/m^3。

为安全可靠起见，实际输送时，输送介质速度应高于沉降速度 $v_{沉}$，即：$v_{输} = K \cdot v_{沉}$，式中 K 为输送系数，水平输送煤粉时 K 取 1.75。

由以上公式看出，煤粉悬浮速度与煤粉直径、真密度和输送介质密度有关。一般输送介质流速应控制在 5m/s 以上。因此，对于一定管径的输煤管道来说，必须具有足够的输送介质流量来保证管道内输送介质的流速。

（2）要有足够的输送介质压力。由仓式泵出来的煤粉必须具备足够的输送压力来克服输粉系统的压力损失（即阻损），才能推动煤粉由仓式泵到喷吹站的集煤罐。两项流输送的压力损失包括纯输送介质流动的压力损失和被输送煤粉运动的压力损失总和，即：

$$\Delta p_{总} = \Delta p_a + \Delta p_s \tag{4-2}$$

式中 Δp_a——输送介质的压力损失；

Δp_s——被输送介质的压力损失：

$$\Delta p_a = \lambda_a \frac{L\gamma_a v_a^2}{2D} \tag{4-3}$$

$$\Delta p_s = \lambda_s \frac{L\gamma_a v_a^2}{2D}\mu_s \tag{4-4}$$

$$\Delta p_{总} = (\lambda_a + \lambda_s \mu_s)\frac{L \cdot \gamma_a \cdot v_a^2}{2D} \tag{4-5}$$

式中 λ_a，λ_s——介质和煤粉的压力损失系数；

μ_s——固气比，kg/m^3；

L，D——输送管道长度与内径，mm；

γ_a——介质密度，kg/m^3；

v_a——介质速度，m/s。

总的压力损失（即阻损）包括输送管道全长度上的摩擦阻损、局部阻损和末端即集煤罐的动压头。

（3）要有防止输煤管道堵塞的设施。在煤粉输送过程中，尤其是长距离等径管道输送，可能出现煤粉堵塞管道现象。因此，必须设置防止管道堵塞与处理管道堵塞的设施。等径管道输送末端压力低，输送介质速度高不易堵塞，而始端压力高，速度低易于堵塞。所以，堵塞一般易发生在始端，应在始端附近设置放煤粉阀，以便堵塞时打开放出煤粉。另外，在煤粉输送管道的设计中，要尽量减少水平管道，目的是防止煤粉在管道内积存。因为煤粉若在管道内长时间积存，就会产生缓慢氧化，释放出热量，热量积累到一定程度就会引起自燃，甚至爆炸。因此，即使设计中有很短的水平段，也必须使其内煤粉的流速高于 25m/s，以保证管道内不积粉。

4.2 输送煤粉的主要设备

煤粉输送泵按输送形式分为风力螺旋输送泵和仓式泵两种。仓式泵又分为下出料仓式泵和上出料仓式泵。

4.2.1 风力螺旋输送泵

风力螺旋输送泵的构造如图 4-2 所示。它由进料口、螺杆和混合室三部分组成。

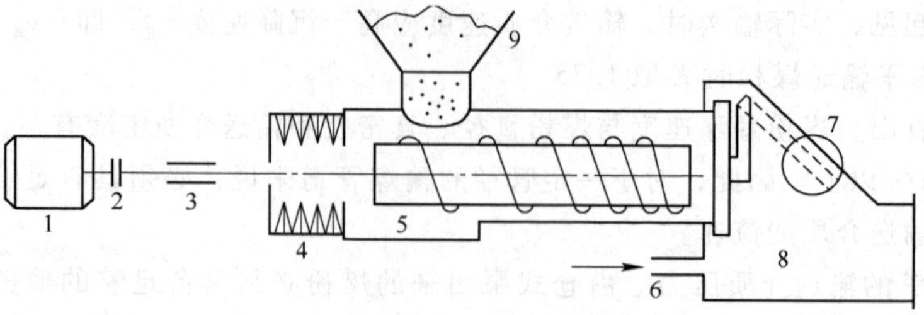

图 4－2　螺旋输送泵构造示意图

1—电动机；2—联轴节；3—轴承座；4—密封装置；5—螺旋杆；6—压缩空气入口；
7—单向阀；8—混合室；9—煤粉仓

风力螺旋输送泵的工作原理是：煤粉在重力作用下，由进料口进入螺旋体，被旋转的螺杆压入混合室，再由压缩气体将煤粉由混合室压入输煤管道送出。螺旋叶片的螺距是逐渐变小的，煤粉在推进过程中逐渐被压紧（压缩比即最大螺距与最小螺距之比值，一般为 1.4 ~ 1.6），在混合室前的单向阀压盖，就像煤粉塞一样塞入混合室，这样，可以阻止压缩气体倒流进入料口，当螺旋没有煤粉供给时，单向阀的压盖在重锤作用下会自行关闭。

风力螺旋输送泵的特点是：体积小，设备较简单，不用压力贮煤罐，相比之下较为安全。但由于需要机械传动，维护量大，耗电大，且输送压力不高。因此，这种输送方式不适于高压操作的高炉使用。

4.2.2　仓式泵

为实现任意制粉系统生产的煤粉可以输送到任何一座高炉使用，大多采用仓式泵输送。仓式泵是一个压力容器，可以直接被用作喷吹罐。它是由封头、圆筒体、锥体和混合器四部分组成。仓式泵可分为下出料仓式泵和上出料仓式泵，其结构分别示于图 4－3 和图 4－4。

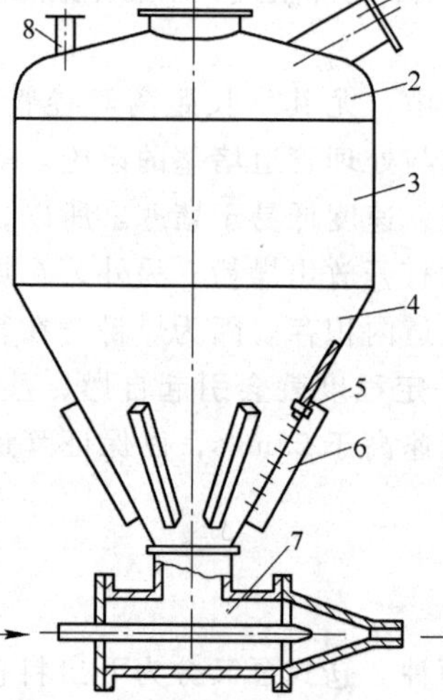

图 4－3　下出料仓式泵结构示意图

1—防爆装置；2—封头；3—圆筒体；4—锥体；
5—喷嘴；6—流化装置；7—混合器；8—放散阀

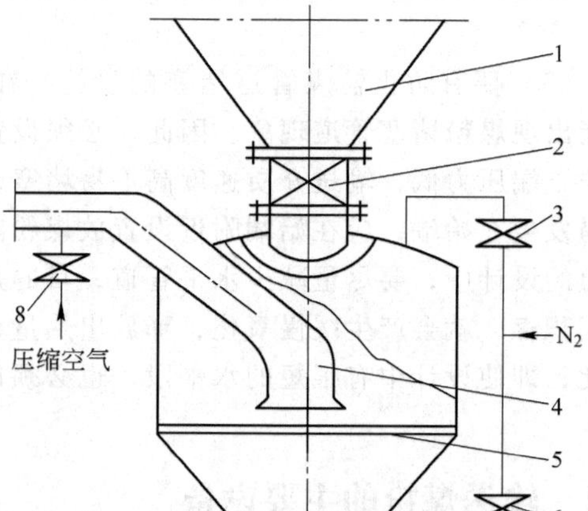

图 4－4　上出料仓式泵结构示意图

1—煤粉仓；2—给煤阀；3—充压阀；4—喷出口；
5—沸腾板；6—沸腾阀；7—气室；8—补气阀

下出料仓式泵的结构如图 4－3 所示，仓体上设流化装置、充压阀、放散阀、防爆装置、电子秤等装置。仓体下接一混合器，在混合器出口设二次风管道，用于补气和吹扫管道。

上出料仓式泵的结构如图4-4所示，仓体下部有一流化室，设有流化床，出料管垂直流化床向上引出，其距离可以按照输送煤粉量和固气比调节。仓内煤粉被流化后，由出料管输出并进入输煤管道。输出的煤粉量和浓度可以通过仓内压力和流化速度来调节。在输出管出口设二次风，以增加输粉的推力和扫清输粉管道积粉。

仓式泵由于设置了流化装置，既可以防止下部悬料，又可以防止表面积粉，并使得煤粉与气体混合均匀，加快进入混合器。

仓式泵输送煤粉的特点是：

(1) 输送煤粉量大，可达30~40t/h。

(2) 输送煤粉浓度高，尤其是上出料仓式泵输粉浓度可达$40kg/m^3$以上。

(3) 输送距离远，可输送1000m以上距离。

(4) 可以实现一泵送多喷吹罐组，通过输煤管网进行改变输送煤粉的方向。

(5) 适用于高炉任何形式的操作。

4.3 输送煤粉的操作

煤粉输送设备不同，其操作方法各异。用螺旋泵输送时操作比较简单，这里只介绍仓式泵的操作。

仓式泵输煤正常工作状态的标志是：

(1) 煤管道的压力不得超过规定值。

(2) 仓式泵煤粉重量下降均匀，不停顿。

(3) 仓式泵压力稳定，煤粉全部输出后，压力均匀下降到规定值。

(4) 输送气体流量先大后小到一定值稳定，煤粉全部输出泵后又逐渐增大到定值。

仓式泵输煤的操作步骤是：

(1) 装煤粉：

1) 打开放散阀，打开煤粉仓松动气阀；

2) 打开钟阀、蝶阀，仓式泵上料位显示；

3) 关闭蝶阀、钟阀，煤粉仓松动气阀。

(2) 送粉：

1) 关闭放散阀；

2) 打开充压阀，充压至设定值；

3) 关闭充压阀；

4) 打开调节阀，打开输煤阀。

(3) 停送：

1) 仓式泵显示空管，关闭调节阀；

2) 关闭输煤阀；

3) 打开放散阀。

输煤操作过程中应注意的问题是：

(1) 注意输煤“难行”并及时处理，防止发生管道堵塞故障。

(2) 注意输送气体的压力波动，气体流量变化并要及时调整。

（3）注意泵内煤粉下降是否均匀，防止“悬料”。

（4）注意煤粉输出过程中有无“分流”现象，有输煤管网系统的更是如此。

（5）注意系统各部位有无漏煤或爆破现象。

4.4 煤粉输送过程中常见故障及处理

4.4.1 仓式泵故障及处理

仓式泵的主要故障及处理方法是：

（1）仓式泵煤粉仓悬料。悬料故障的处理可按以下几个步骤进行：①开大煤粉仓下部流化装置的阀门；②振动煤粉仓下部；③开进气阀 2 ~3s 即关上，如此反复进行多次。

（2）仓式泵下钟阀关不严。下钟阀关不严可按以下方法处理：①用仓式泵上钟阀代替下钟阀（双钟阀），把该仓式泵煤粉输送出去后检查密封圈是否损坏；②检查机、电设备是否正常，如有异常，待处理故障完毕后，经空负荷试车良好，可恢复正常生产。

（3）出口软连接破损。出口软连接破损表现为：罐压突然下降，大量冒粉，粉量减少的速度异常加快。

其产生原因是：软连接老化或严重磨损，安装不牢，风源压力过高，输粉堵塞或输粉阀未打开等。

处理方法为：①关闭风源阀，打开放气阀，立即停止送粉；②更换软管后送粉。

（4）爆破膜片破损。其现象为：罐压提不起来和冒粉，如突然破损，会有响声。

造成爆破膜片破损的原因是：①罐内煤粉爆炸；②罐压过高；③膜片使用时间过长而未更换以及输粉堵塞未及时发现。

爆破膜片破损的处理方法是：①立刻关闭输煤阀、进气阀，停止输粉；②打开放散阀，更换防爆膜，并进行加压试验；③若是爆炸原因，应清除煤粉并修复被炸坏的部件，经检查合格后方能使用。在处理故障时要注意：对于高压爆破孔，在更换爆破片及其夹持器时，严禁采用自制产品或其他未经国家批准企业生产的产品。

4.4.2 输送管道的故障及处理

输送管道的主要故障及处理方法是：

（1）输送管道堵塞。其现象为：①输煤管道压力及仓式泵压力高，达到输送介质压力，而且呆滞不下；②仓式泵内煤粉已不能输出，电子秤示数在一个水平上不移动；③输送气体流量急剧下降并接近零，没有上升迹象。

输送管道堵塞的原因有以下几个方面：①输送气体压力低；②输煤管网联络阀漏风严重；③仓式泵压力超高；④仓式泵某部位设备不配套；⑤煤粉中杂物多或有大块异物；⑥煤粉过潮；⑦混合器喷嘴工作不当。

处理方法为：

1）分段清扫法：打开最靠近喷吹系统的清扫阀，扫通最前面一段后，再逐段清扫后面各段，直到全部吹扫通；

2）倒吹法：找一个与其联网的空仓式泵，打开其输煤阀，打开输煤管线上的扫线阀，把管道内的煤粉倒吹到这个空仓式泵内；

3）当上述处理方法处理无效时，采取分段割口的方法放出煤粉。割口是从管道的始端开始，每开一个口就用压缩空气吹扫，吹通后把割口焊好，再开下一个口，同样用压缩空气吹扫干净后焊补好，再开下一个口。逐段进行到全部吹扫干净为止。开口的位置和距离应视堵塞情况而定，两口距离由始端到末端逐渐增加。

（2）过滤筛壳体破损。出现故障表现为：局部冒粉，冒粉严重时输送速度加快，输粉管内压力下降，输送空气量增加。

产生原因：施工质量差，焊缝开裂以及长期使用磨损。

故障的处理方法：停止输送、修复，空吹数分钟，确认管内无积粉后再输送。

4.5　煤粉输送系统的设备点检

输送系统点检的主要设备是仓式泵。点检方法有目测、听音、手触、工具校验、仪器检测及其他检测方法，如表 4－1 所示。

表 4－1　仓式泵点检内容、方法及常见故障

点检部位	点检项目	点检内容	点检周期	设备状态		点检方法	点检标准	常见故障	相应故障分析
				运行	停机				
N_2 充压系统	气动球阀	运转、密封	次/班	运		听、看	动作灵敏、不漏气	1. 阀门打不开；2. 管道堵塞；3. 气源波动大	1. 气源故障、电气故障、机械故障；2. 泵压低、煤粉潮湿、操作不当
	压力调节阀	运转、密封		运		听、看	动作灵敏、不漏气		
	缓冲罐	密　封		运		听、看	不漏气		
松动装置	阀　门	运转、密封	次/班	运		听、看	动作灵敏、不漏气		
钟阀	传动机构	运　转	次/班	运		看、听	动作灵敏、不漏气		
	密封圈	密　封			停	看、听	不漏气		
蝶阀	气动阀	运转、密封	次/班	运		看、听	动作灵敏、不漏气		
放散管路	放散阀	运转、密封	次/班	运		看、听	动作灵敏、不漏气		
	管　路	密　封	次/班	运		看	不漏气		
管道	法　兰	密　封		运		看、摸	不漏气、不漏煤		
	吹扫气管	密　封	次/班	运		摸、听、看	不漏气		
	吹扫阀	密封、运转		运		看	不漏气、灵敏		
	透气元件	透气性	次/班	运		看	透气性好		
流化系统	流化管路	密　封	次/班	运		摸、听、看	不漏气		
	流化床	温　度			停	摸、听、看	透气性好		
	法兰连接	密　封		运		摸	不漏气		
仓式泵体	泵　体								
	法兰连接	密　封	次/班	运		摸、听、看	各部位温度均匀		
	输煤阀	密封、运转	次/班	运		摸、听、看	不漏气		
控制气源	减压阀	密封、运转	次/班	运		摸、听、看	不漏气、动作灵敏		
	电磁阀	密封、运转		运		摸、听、看	动作灵敏、换向正常		
	接　头	密　封		运		摸、听、看	不漏气		
补气系统	补气流量	密　封		运		听、看	球阀动作灵敏、不漏气、透气元件无堵塞		
	手动吹扫	密　封		运		摸、听、看	阀门灵敏、不漏气		

复习思考题

4 - 1　高炉喷吹对煤粉输送有哪些要求？
4 - 2　煤粉输送有哪几种形式，各有什么特点？
4 - 3　仓式泵是由哪几部分组成，其工作原理是怎样的？
4 - 4　仓式泵正常工作状态的标志是什么？
4 - 5　试述仓式泵常见故障及处理。
4 - 6　试述输送管道常见故障及处理方法。
4 - 7　试述输煤操作应注意的事项。
4 - 8　煤粉输送应具备哪些条件？
4 - 9　什么叫悬浮速度？
4 - 10　仓式泵输煤应具备哪些条件？
4 - 11　为什么煤粉输送管道应尽量消除水平管道？

5 煤粉喷吹

5.1 煤粉喷吹装置的主要功能

煤粉喷吹装置包括集煤罐、贮煤罐、喷吹罐、输送管道、煤粉分配器和喷枪。根据高炉生产需要的不同，高炉喷吹大体上可分为常压喷吹和高压喷吹两种。

煤粉喷吹装置应具备的主要功能是：

（1）安全、可靠、连续不断地把符合高炉要求的煤粉喷入高炉内。

（2）具有完善的煤粉计量手段，并能按照高炉要求随时调节喷入高炉的煤粉量。

（3）能实现高炉圆周均匀喷吹和使煤粉在风口区域内充分燃烧。

喷吹装置能力的确定：当倒罐周期 T 为倒罐时间 t 的 1.5～3 倍时，装粉能力 P_z 应为喷煤能力 Q_h 的 3～1.5 倍。这样，当喷煤能力 P_c 和倒罐时间 t 设定后，便可求出倒罐周期 T 和装粉能力 P_z，各管道和阀门能力都按此选取。

喷煤罐的最小几何容积可按下式求出：

$$V = \frac{T}{\psi \cdot \gamma} Q_h \tag{5-1}$$

式中 T——倒罐周期，h；

ψ——装满系数，一般取 0.8%～0.9%；

Q_h——喷煤能力，t/h；

γ——煤粉体积密度，一般取 0.60～0.65t/m^3。

对喷煤罐，应将求得的容积扩大一些，以保证在罐内的煤粉快要喷完时，罐内仍保留一层“操作”煤粉，以避免煤粉层被“击穿”，而造成向高炉“空吹”。

若喷吹装置采用串罐式喷煤罐组时，贮煤罐的几何容积应和喷煤罐的几何容积相等或接近。

5.2 喷吹工艺

仓式泵或煤粉仓的煤粉被输送到喷吹系统的集煤罐或直接输送到贮煤罐（中间罐），经倒罐后进入喷煤罐，喷煤罐用压缩空气或氮气加压后，经混合器（或给煤器），通过管道或者煤粉分配器到高炉各风口的喷煤枪喷入高炉。其流程见图 5－1。

5.2.1 高炉喷吹设施的布置方式

高炉喷吹煤粉设施的布置可分为直接喷吹和间接喷吹两种方式。

5.2.1.1 直接喷吹

从制粉系统的煤粉仓后面到高炉风口喷枪之间的设施属于喷吹系统，主要包括煤粉输送、煤粉收集、煤粉的分配及风口喷吹等。在煤粉制备站与高炉之间距离小于 300m 的情况下，把喷吹设施布置在制粉站的煤粉仓下面，不设输粉站设施，这种工艺称为直接喷吹工艺，即集制粉、输送和喷吹“三位一体”的方式，如图 5－2 所示。

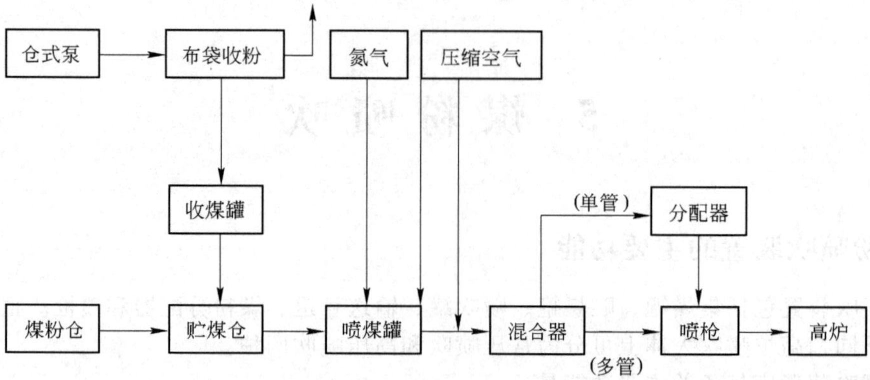

图5－1　高炉喷吹工艺流程图

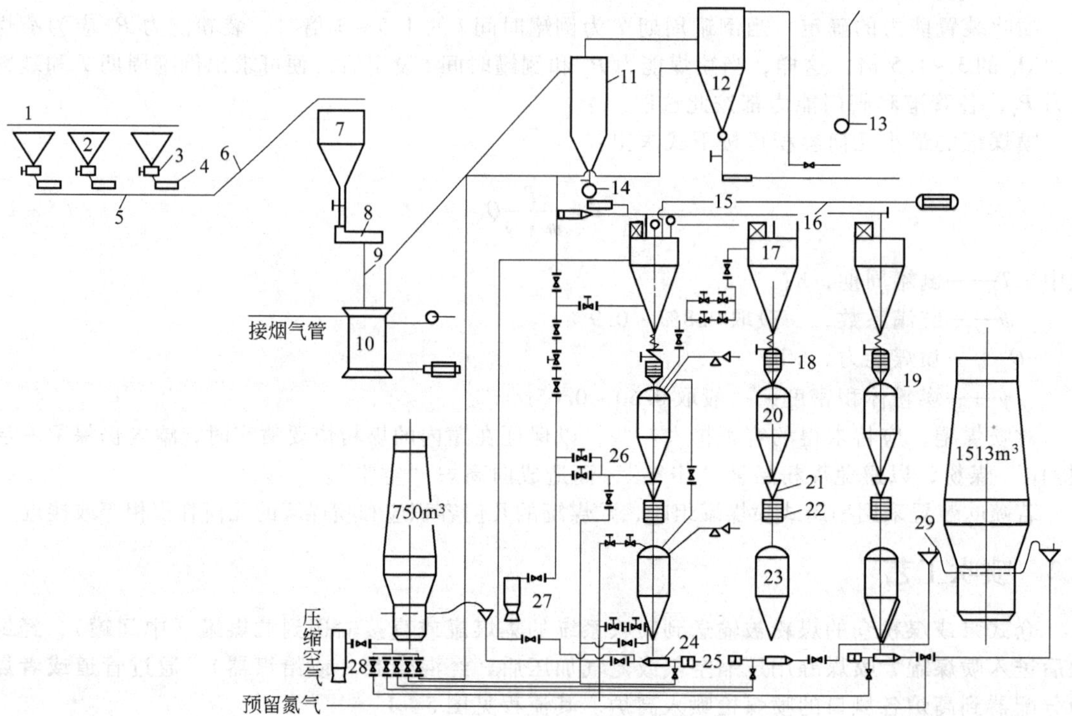

图5－2　直接喷煤工艺流程图

1，6—PM_1 皮带机；2—配煤槽；3—可调式给料机；4—称量皮带；5—PM_2 皮带；7—原煤仓；8—圆盘给料机；9—落煤管；10—中速磨煤机；11—旋风分离器；12—布袋收粉器；13—排烟风机；14—螺旋给料机；15，16—螺旋输送机；17—收粉罐；18，22—波纹管；19，21—钟阀；20—贮煤罐；23—喷煤罐；24—混合器；25—给料调节装置；26—快速切断阀；27—氮气罐；28—压缩空气罐；29—分配器

这种喷吹形式的特点是简化了喷吹工艺流程和设施，降低了工程投资，而且减少了喷吹煤粉的中间环节，喷吹压力高，设备维修量较少；对喷吹易燃易爆煤粉，可大大降低不安全因素，适用于高炉附近场地宽裕的大型高炉。

5.2.1.2 间接喷吹

在制粉站与高炉之间的距离较远时，增设输粉设施，将煤粉由制粉站的煤粉仓输送到喷吹站，这种工艺称为间接喷吹工艺，即先集中制粉，再通过输送管道把煤粉输送到各高炉喷吹站，进行分散喷吹的方式，如图 5-3 所示。

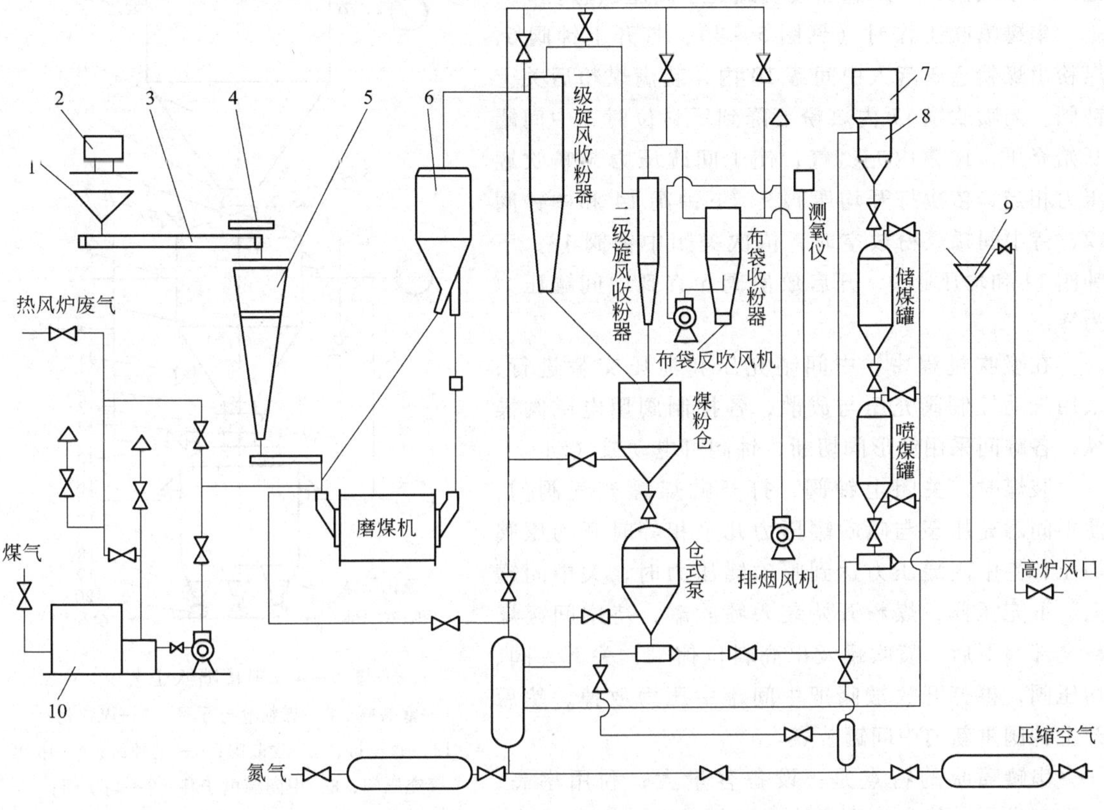

图 5-3 间接喷煤工艺流程图

1—原煤槽；2—卸煤机；3—皮带运输机；4—电磁分离器；5—原煤仓；6—粗粉分离器；7—布袋除尘器；8—收煤罐；9—分配器；10—燃烧炉

间接喷吹的特点与直接喷吹形式相反，中间环节多，不安全因素多，喷吹压力较低，设备维修量较大；工程建设投资高，占地面积也大，适用于高炉数目多且高炉附近场地狭窄的企业。

5.2.2 高炉喷煤罐的布置方式

目前高炉采用高压喷吹形式的较多，因为常压喷吹适用于喷吹无烟煤的中小高炉，而高压喷吹适用于采用高压操作的大、中型高炉，并且可以喷吹无烟煤、烟煤。高压式又称为罐式，罐式布置又分为串罐式和并罐式两种。

5.2.2.1 串罐式喷吹

串罐式是将集煤罐、中间罐、喷吹罐 3 个罐串联起来与地面垂直的布置，从上到下 3 个罐重叠，依次为集煤罐、中间罐和喷吹罐。

串罐喷吹工艺如图 5－4 所示。煤粉由输煤管道输送到喷吹站的集煤罐，并通过上钟阀落入中间罐。当中间罐煤粉装满后，待喷吹罐内煤粉降低到最低料位时，中间罐充气均压，开下钟阀，中间罐煤粉落入喷吹罐并被喷吹到高炉内。

串罐式是由集煤罐、中间罐和喷吹罐上下重叠构成的，它们之间用阀门连接和控制，所以集煤罐处于常压状态，中间罐和喷吹罐处于高压状态。

串罐喷吹工作时（见图 5－4），打开上钟阀 6，煤粉由煤粉仓 3 落入中间罐 10 内，装满煤粉后关上钟阀。当喷吹罐 17 内煤粉下降到低料位时，中间罐开始充压，向罐内充氮气，使中间罐压力与喷吹罐压力相当，依次打开均压阀 9、下钟阀 14 和中钟阀 12，待中间罐煤粉放空时，依次关闭中钟阀 12、下钟阀 14 和均压阀 9，开启放散阀 5 直到中间罐压力为零。

在喷吹过程中，中间罐充压和泄压交替进行，采用气动控制阀充压与放散，各控制阀用电磁阀操纵，各罐间采用钟形阀切断，钟阀可电动或气动。

装煤时，关闭上钟阀，打开贮煤罐充气阀门，使中间罐充压至与喷吹罐压力几乎相等时开均压阀均压，待中间罐压力达到喷吹罐压力时，关中间罐上、下充压阀，煤粉开始装入喷吹罐，待中间罐煤粉全部漏下后，喷吹罐发出高料位信号，关下钟阀、均压阀，再打开放散阀把中间罐中压力放掉，然后开上钟阀重新向中间罐装煤。

串罐喷吹的特点是：设备容量大，利用率高，向高空发展，故占地面积小，连续喷吹，工作可靠，作业率较高。中间罐和喷吹罐除有料面测量装置外，还安装有电子秤，用以测量罐中煤粉的重量。为了称量准确，中间罐和喷吹罐中间用软连接相连，罐与各管道则以金属管连接。

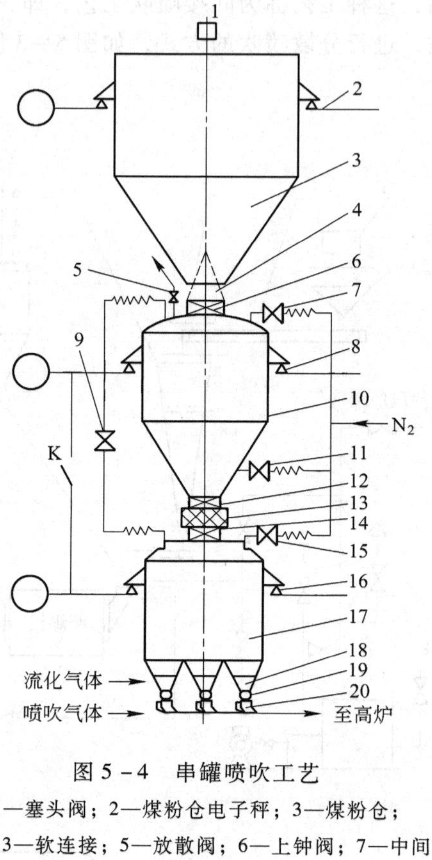

图 5－4　串罐喷吹工艺

1—塞头阀；2—煤粉仓电子秤；3—煤粉仓；4，13—软连接；5—放散阀；6—上钟阀；7—中间罐充压阀；8—中间罐电子秤；9—均压阀；10—中间罐；11—中间罐流化阀；12—中钟阀；14—下钟阀；15—喷吹罐充压阀；16—喷吹罐电子秤；17—喷吹罐；18—流化器；19—给煤球阀；20—混合器

5.2.2.2　并罐式喷吹

并罐式是由两个或多个喷吹罐在同一水平面上并列布置，一个喷吹罐喷吹时，另一个喷吹罐装煤和充压。这样，两个或多个喷吹罐交替使用。并罐喷吹工艺如图 5－5 所示。

并罐喷吹又分为单罐并列式和双罐双系列并列式。

（1）单罐并列。由两个喷吹罐并列置于煤粉仓的下面，交替向高炉进行喷吹，即一个罐喷吹用，另一个罐泄压装煤，充压和均压，然后进入备用状态。待喷吹用的罐喷完后，进行泄压、装煤、充压和均压。与此同时，备用罐开喷。喷吹罐的功能与仓式泵相同。单罐并列喷吹的特点是：可以连续喷煤，可降低喷吹设施的高度，投资少，煤粉计量准确，有利于设备的维护和检查，但占地面积大。

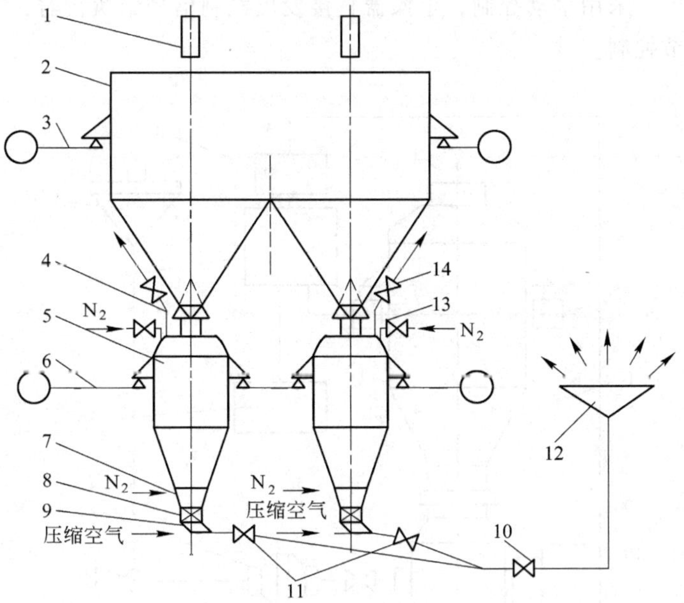

图 5-5 并罐喷吹工艺

1—塞头阀；2—煤粉仓；3—煤粉仓电子秤；4—软连接；5—喷吹罐；6—喷吹罐电子秤；7—流化器；8—下煤阀；9—混合器；10—安全阀；11—切断阀；12—分配器；13—充压阀；14—放散阀

（2）双罐双系列并列式。两个系列双罐同时向某座高炉进行喷吹，也可以相互交替向某座高炉进行喷吹。双罐双系列并列喷吹的特点是：喷吹量增大，并且当一个系列出了问题时，另一个系列还可以连续向高炉喷煤，但需要更大的占地面积。这种装置适合于大型高炉。

并罐式喷吹的特点是工艺流程简单，可大大降低喷吹设备的高度，工程投资省，煤粉计量容易，可与单罐管路分配器配合使用。

5.2.3 高炉喷煤罐的出粉方式

高炉喷煤罐按出粉方式又可分为单管路喷吹和多管路喷吹。

5.2.3.1 单管路喷吹

喷吹罐下只设一条管路的喷吹形式称为单管路喷吹。单管路喷吹必须设置分配器，由分配器把煤粉均匀地分配到高炉各风口。各风口喷煤量的均匀程度取决于多头分配器的结构形式和支管补气调节的可靠性，一般小型高炉通常设一个分配器，而大型高炉可以设多头分配器。

单管路喷吹分为上出料喷吹和下出料喷吹两种。下出料喷吹适合于一般喷吹，而上出料喷吹可进行浓相输送喷吹。

（1）单管路下出料喷吹。单管路下出料加分配器的喷煤量控制工艺及原理如图 5-6 所示。喷吹煤粉流量控制由喷煤罐、电子秤、计算机系统、手操器、可调量混合器、过滤器、分配器等组成。喷吹煤粉流量由电子秤提供的煤粉重量信号计算得到。控制信号由计算机发出，经手操器送给执行器，调节混合器内活动喷枪控煤开口和流化风量的大小，对煤粉流量进行调节控制。特殊情况下，采用手动控制，手操器直接发出控制信号给执行器，带动可调量混合器对煤粉流量进行调节控制。

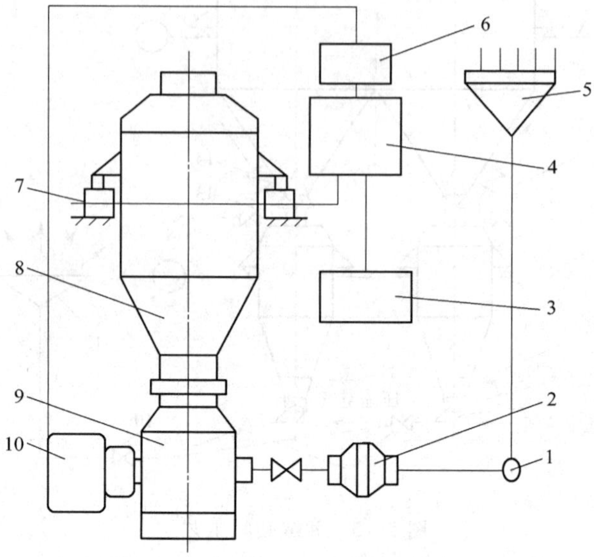

图 5－6　单管路下出料加分配器控制原理图

1—转向器；2—过滤器；3—计算机人机接口；4—计算机系统；5—分配器；6—手操器；7—喷煤电子秤；8—喷煤罐；9—混合器；10—执行器

可调量混合器是喷吹工艺与自动控制技术的接口，其工作原理如图 5－7 所示。该装置由煤粉流化床、可调喷枪以及执行器 3 部分组成。它集中了流化床输送和喷射器供料的优点。

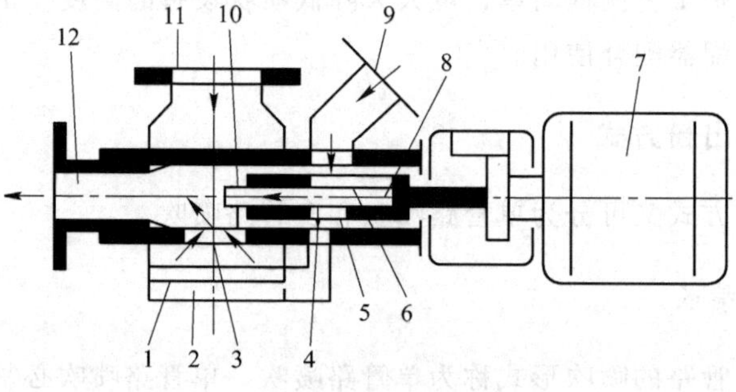

图 5－7　煤粉给料器工作原理图

1—流化板；2—流化气室；3—控煤口；4—流化风入口；5—流化风控制口；6—进风口；7—执行器；8—活动喷嘴；9—进风管；10—活动喷枪嘴；11—下煤口；12—喷出口

执行器带动活动喷枪做轴向运动，改变控煤口及流化风控制口的可通风量的面积，从而在线调节进入喷射枪的煤粉流量和流化风量，达到控制煤粉流量的目的。其特点是：在粉体流量较小时，接近恒流速变浓度调节；在粉体流量较大时，接近恒浓度变流速调节。该装置可以使固/气比达到 40 以上。喷吹煤粉流量与喷煤罐压力及控煤口开度有关。目前，这种装置已在鞍钢、本钢、包钢、昆钢、唐钢、酒钢等得到应用。

（2）单管路上出料喷吹。单管路上出料工艺又可分为多管路形式和单管路形式。其原理是在流化床上出料装置中，流化风进入流态化气室，穿过流化板，在流态化室与进入流态化罐的煤粉相遇。当流态化风速很低时，煤粉静止不动，呈固定床状态。不断增加风速，当风速大于煤粉的初始流化速度时，煤粉间空隙度增加，煤粉微粒开始悬浮，出现流态化现象；继续增大流化风速，超过煤粉微粒的悬浮速度（终端速度），煤粉被夹带，气力输送开始。由气体夹带的煤粉进入喷吹管送至高炉。为了调节煤粉流量的大小，在流化罐出口设置了一个补气装置，从而可改变喷吹煤粉的进入量。

单管路喷吹工艺的特点是：①工艺简单，设备少，投资低，维修量小，操作方便，易于实现喷吹自动化；②混合器大，管道粗，不易堵塞和积粉；③在个别喷枪停用时，不会导致喷吹罐内产生死料角，能经常保持下料顺畅状态，且容易调节喷吹速度；④可以在总管上安装过滤筛和防回火的自动切断阀，以确保喷煤系统的安全。因此，单管路喷吹可满足喷吹易燃易爆高挥发煤种要求。

在喷吹高挥发的烟煤时，采用单管路喷吹，可以较好地解决由于死角处的煤粉产生自燃和因回火而引起爆炸的可能性。因此，目前有将多管路喷吹改为单管路喷吹的趋势。

5.2.3.2 多管路喷吹

多管路喷吹是指从喷吹罐引出多条喷吹管到高炉的风口，每条喷吹管连接一支喷枪的喷吹形式。

多管路喷吹按出料方式也可以分为上出料和下出料两种。多管路喷吹上出料和下出料的结构如图 5－8 所示。

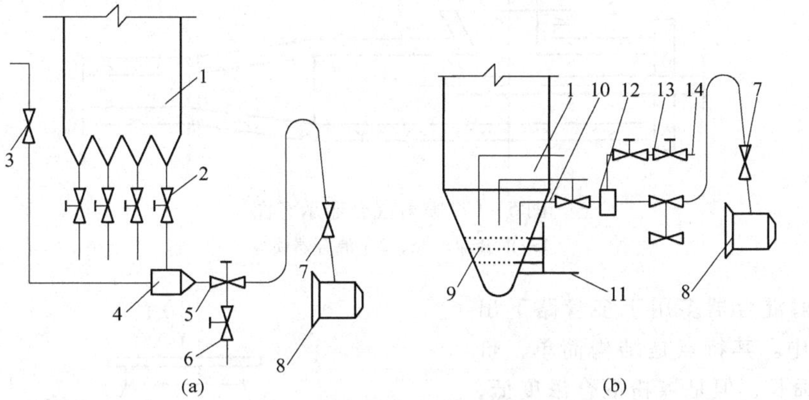

图 5－8 多管路喷吹煤粉工艺流程示意图

（a）下出料；（b）上出料

1—喷煤罐；2—下煤阀；3—压缩空气阀；4—混合器；5—三通旋塞阀；6—吹扫阀；7—喷枪；8—高炉风管；9—流化板；10—煤粉导出管；11—流化风管；12—合流管；13—二次风调节阀；14—二次风

多管路上出料喷吹是在喷煤罐下部设一具有水平流化床的混合器，喷吹管线的始端与流化床板垂直安装，其距离视喷煤量的大小进行收缩，一般为 20～50mm，并沿顶部圆周均匀排列，煤量也可以由补气量调节。

多管路下出料喷吹是指由喷煤罐下端连接各喷吹支管混合器，再由混合器接喷吹支管到喷煤枪，混合器具有调节喷煤量的功能，以保证各风口喷煤的均匀性。

多管路喷吹的工艺特点是：①设备多，投资高，维修量大；②喷煤阻损大，不适于远距离输送，也不能用于并罐喷吹系统；③管道细，易于堵塞。

另外，关于调节喷煤量，从理论上讲，多管路喷吹系统可以调节各风口的喷煤量。但是，要实现这一目的，其前提条件是必须在各支管装设计量准确的单支管流量计。而这种流量计，因价格太高很难用于实践，并且因调节一个风口的喷煤量，其余风口的喷煤量也会变化，要调节各风口喷煤量，在目前条件下还难以达到要求。

对于单管路喷煤系统，要调节总喷煤量，既要考虑方便可靠，简单安全，又要考虑经济实用。至于高炉各风口喷煤量，从目前国内外高炉实际操作来看，由于高炉各风口风量的分布也不是均匀的，以目前煤粉分配器所达到的水平，各支管间分配误差小于±3%，完全可以满足高炉操作的需要。

5.3　喷吹系统主要设备

5.3.1　混合器

混合器是将压缩空气与煤粉混合并使煤粉启动的设备。混合器的结构由壳体和喷嘴组成。

混合器的工作原理是利用从喷嘴喷射出的高速气流所产生的相对负压将煤粉吸附，混匀和启动的。

混合器可分为喷射混合器、流化混合器、流化罐混合器、沸腾式混合器几种。

（1）喷射混合器（见图5-9）。它是利用从喷嘴喷射出的高速气流所产生的负压，将煤粉颗粒引射输送煤粉喷入高炉。喷射能力的大小与喷嘴直径、气流速度、煤粉流化状态以及喷嘴位置有关。

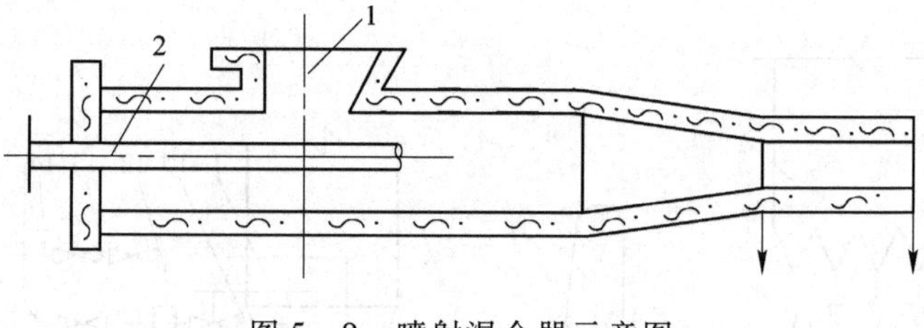

图5-9　喷射混合器示意图

1—混合器外壳；2—混合器喷嘴

目前喷射混合器多用于多管路下出料喷吹形式中。其特点是结构简单，价格便宜，寿命长，但是煤粉混合浓度低，而且浓度不均匀，不易实现煤量自动控制。

（2）流化混合器（见图5-10）。其壳体底部设有气室，气室上有流化板式流化喷嘴，可以提高喷射能力和喷射煤粉浓度。混合器上设有可以控制煤粉量的调节开口，调节开度可以通过喷吹煤量计量信号反馈自动开关而调节煤量，也可以手动调节。这种混合器的特点是：结构较为复杂，造价较高，喷吹煤粉浓

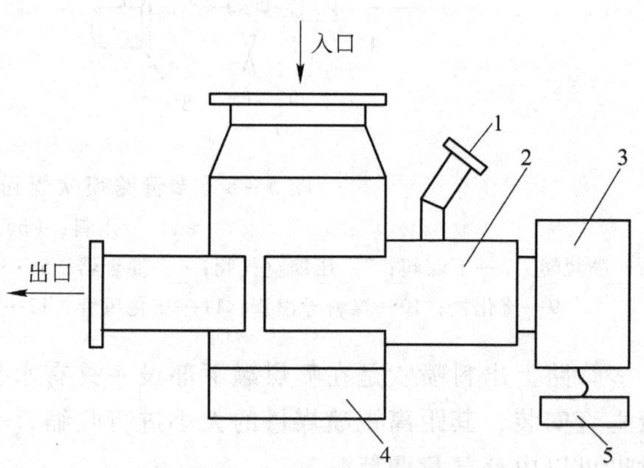

图5-10　流化混合器示意图

1—喷吹流化风入口；2—煤量调节器；3—执行器；4—流化室；5—计算机及控制器

度高，而且均衡喷煤量大，并可以实现喷煤量自动控制，多用于单管路喷吹。

（3）流化罐混合器（见图5-11）。流化罐外观呈一罐形，内设水平流化板，下为气室，煤粉输出管道垂直于平流化板由上部插入，其距离大小可调节煤粉喷吹量。

流化罐混合器的特点是：结构比较复杂，造价高，但可以通过二次风调节煤粉浓度，即风量增加，浓度降低，喷煤量减少。因此，适于浓相喷吹，且易实现煤量自动控制。

（4）沸腾式混合器（见图5-12）。它的特点是壳体底部设有气室，气室上面为沸腾板，通过沸腾板的压缩空气能提高气、粉混合效果，增大煤粉的启动动能。

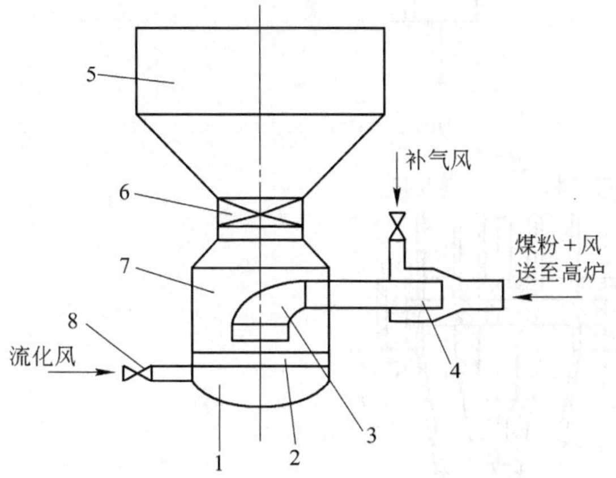

图5-11 流化罐混合器示意图

1—流化气室；2—流化板；3—排料口；4—补气装置；5—喷煤罐；6—下煤阀；7—流化床；8—流化风入口

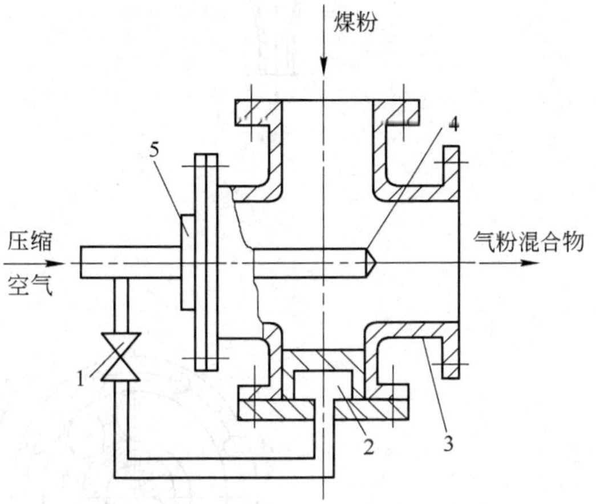

图5-12 沸腾式混合器示意图

1—压缩空气阀门；2—气室；3—壳体；4—喷嘴；5—调节帽

5.3.2 分配器

单管路喷吹必须设置分配器。煤粉由设在喷吹罐下部的混合器供给，经喷吹总管送入分配器，在分配器四周均匀布置了若干个喷吹支管，喷吹支管数目与高炉风口数相同，煤粉经喷吹支管和喷枪喷入高炉。

目前使用效果较好的分配器有瓶式、环式、盘式、鼓式、锥形和球形分配器几种。但常用的有瓶式、盘式和锥形等几种。

（1）瓶式分配器。其结构见图5-13a。瓶式分配器结构复杂，而且喷吹介质和煤粉在分配器内易产生涡流，阻力大易积粉。

（2）盘式分配器。盘式分配器的结构见图5-13b。盘式分配器具有较高的分配精度。煤粉和介质沿固定流向出入，所以阻损小不积粉，分配煤量均匀。

（3）锥形分配器。其结构见图5-13c。该分配器呈倒锥形，中心有分配锥，煤粉由下部进入分配器，经分配锥把煤粉流切割成多个相等的扇形流股，经各支管分配到各风口。煤粉在该分配器前后速度变化不大，产生的压降小，分配器出口煤粉流量受喷煤支管长度的影响。

由于锥式分配器和盘式分配器的内壁喷镀耐磨材料，其寿命大大提高，可以满足生产要求，所以这两种分配器应用广泛。

在分配器的研究中，寿命和精度是最重要的内容。而寿命取决于分配器的抗磨特性，精度取决于其结构，因此分配器的磨损及其结构一直是研究热点。然而瓶式、盘式和锥形分配器对喷煤主管进入分配器前的垂直段高度有一定要求，有时也难以满足，特别是旧高炉改造时，难以满足浓相输送的要求。北京科技大学正在研究一种新型的球形分配器。

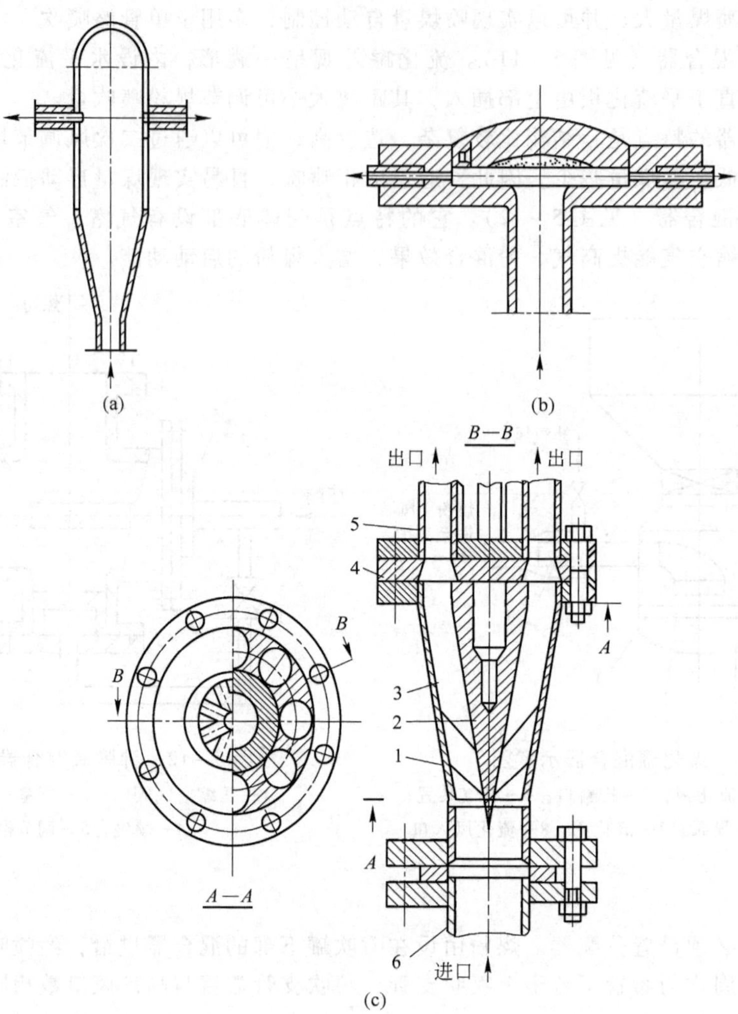

图 5 - 13　分配器结构示意图
(a) 瓶式；(b) 盘式；(c) 锥形
1—分配器外壳；2—中央锥体；3—煤粉分配刀；4—中间法兰；5—喷煤支管；6—喷煤主管

球形分配器的研究出发点是克服其他分配器要求垂直安装的高度问题及实现浓相输送的均匀分配，其结构见图 5 - 14。它是由一个球形空腔及空腔中一个垂直圆筒组成，圆筒下部与球体密封固定，煤粉流从侧面切向进入球内壁与圆筒外侧的空腔内，边旋转边上升，从上面旋转进入球筒内部后，再旋转下降，从下面等角布置的出口流出。

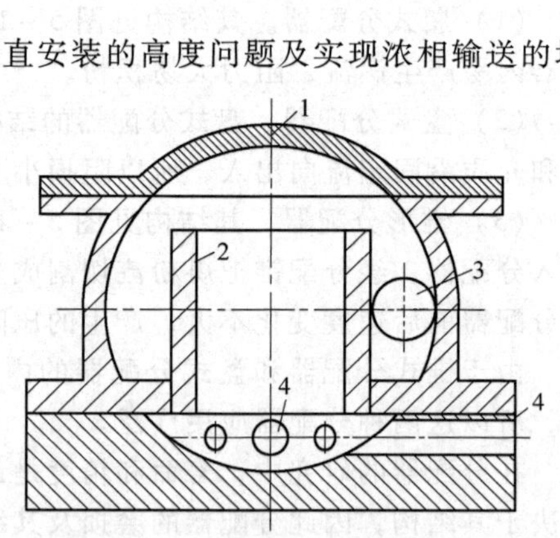

图 5 - 14　球形分配器结构示意图
1—球腔；2—圆筒；3—进口；4—出口

煤粉流束切向进入分配器后将沿球体内壁螺旋上升，到顶后转入圆筒内壁做螺旋运动。当螺距小于或等于煤粉流束的宽度时，相邻两圈流束将重合并相互掺混，由于煤粉输送是连续稳定进行的，即单位长度流束上煤粉量相等，所以圆筒内壁将均匀覆盖一层煤粉流，也就是煤粉流呈轴对称布置，从而可从等角布置的直径相同的出口均匀流出。另外，在煤粉运动中，离心力占绝对优势，其他因素的扰动影响很小，因此这类分配器适应性更强，并且适合于浓相输送。

高炉操作要求煤粉分配器要分配均匀，分配精度小于3%。具体要求是：

（1）一座高炉使用两个分配器比使用一个分配器好，使用两个分配器，除了工艺布置灵活外，分配精度也可以提高。

（2）两个分配器应对称分布在高炉两侧，这样可以保证分配器后的喷吹支管长度大致相等，从而使喷吹支管的压力损失相似。

（3）喷吹主管在进入分配器前应有相当长的一段垂直段，一般要求大于3.5m，以减少加速段不稳定流的影响，保证适当的气粉速度及在充分发展段煤粉沿径向均匀分布。

（4）评估分配器的性能，只从寿命及精度来评估是不全面的，还应从分配器对环境的适应性来考虑，如喷枪堵塞时的性能等。

5.3.3 喷吹罐下的流化装置

流态化是一种使微粒固体通过与流体接触而转变成类似流体状态的操作。

流化装置的主要作用是：

（1）喷煤量均匀连续并提高喷吹煤粉的浓度；

（2）防止煤粉在罐内壁“挂蜡”，使积粉产生自燃；

（3）防止煤粉悬料起拱桥。

流化装置有多嘴流化器和板式流化器两种。

（1）多嘴流化器。其结构如图5－15所示。多嘴流化器由多个流化嘴组成，下部圆周设多层流化嘴，由流化嘴喷出高速气体，使附近煤粉松动流化，并且流化器设有逆止塞头，可防止罐内介质和煤粉进入流化器造成堵塞甚至自燃。

（2）板式流化器。其结构如图5－16所示。它是由一块多孔板组成，多孔板通常由陶瓷、碳化硅或者水泥制成。在喷吹时由多孔板吹出的高速气体使煤粉产生松动流化。使用多孔板流化时，气源应当不含水，否则会使孔板堵塞。

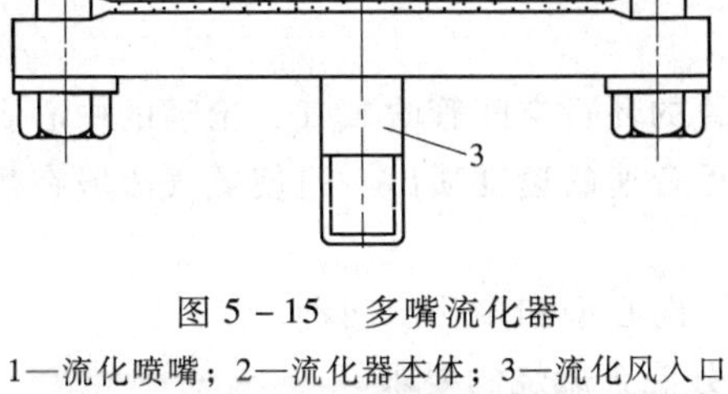

图5－15 多嘴流化器

1—流化喷嘴；2—流化器本体；3—流化风入口

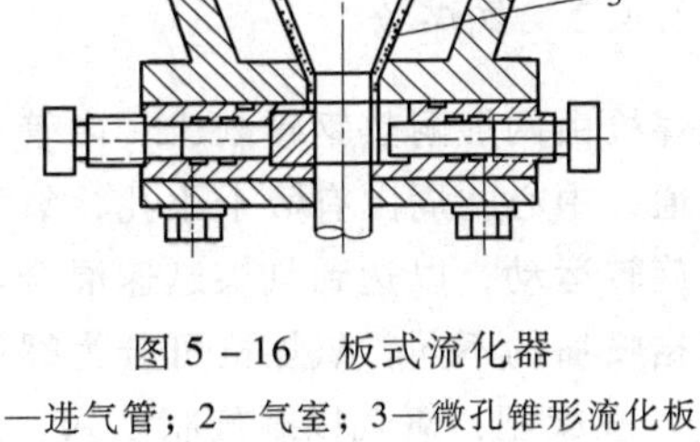

图5－16 板式流化器

1—进气管；2—气室；3—微孔锥形流化板

5.3.4 喷煤枪

喷煤枪是高炉喷煤系统的重要设备之一，它由直径为15～25mm的耐热无缝钢管制成，根据喷吹介质的不同分为普通型喷煤枪和氧煤枪两种。普通型喷煤枪的喷煤介质为压缩空气，氧煤枪是以氧气为介质。

5.3.4.1 普通型喷煤枪

普通型喷煤枪按枪插入的方式又可分为斜插式、直插式、风口固定式三种。三种喷煤枪结构如图 5 - 17 所示。

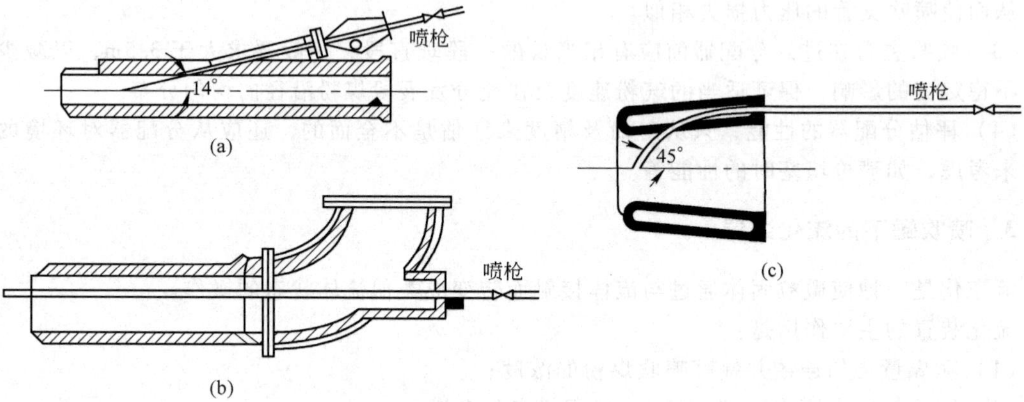

图 5 - 17　喷煤枪结构示意图

（a）斜插式；（b）直插式；（c）风口固定式

（1）斜插式喷煤枪：喷煤枪从直吹管插入，喷枪中心与风口中心成一夹角，一般为 12°~14°。斜插式喷枪又有带逆止热风装置喷枪和不带逆止热风装置喷枪两种。斜插式喷枪大多为不锈钢无缝钢管制成，既能抗高温氧化又能耐煤粉磨损。其特点是直接受热段短，不易变形烧坏，操作简单，移动方便。但煤粉流易直接冲刷直吹管壁，而且对喷枪插入深度、位置和角度要求严格，如喷枪插入深度、位置和角度不合适，不仅影响煤粉燃烧，喷入的煤流也易磨损风口。但仍为目前广泛采用的一种枪型。

（2）直插式喷煤枪：喷煤枪从窥视孔直接插入，喷枪中心与直吹管中心线平行。其特点是喷吹的煤粉流不易冲刷风口，但妨碍高炉操作者观察风口，操作不便，并且喷枪受热段较长，容易变形。

（3）风口固定式喷枪：由风口小套水冷腔插入，无直接受热段。其特点是停喷时不需拔枪，操作方便。但是制造工艺复杂，成品率低，不能调节喷枪伸入长度，影响风口寿命。所以目前已不采用。

5.3.4.2 氧煤枪

氧煤枪由两层耐热钢管制成，内管吹煤粉，内外管的环行空间管吹氧气，枪嘴的中心孔与内管相通，中心孔周围有数个小孔，氧气从小孔以接近音速的速度喷出。迫使氧气流股在煤股四周作旋转运动，以达到氧煤迅速混合燃烧的目的。

根据喷嘴的不同，氧煤枪可分为螺旋型、缩管型、向心型和多孔型四种。

（1）螺旋型：氧气以螺旋状吹入，达到与煤粉充分混合燃烧的要求。

（2）缩管型：氧煤枪外管内缩一段距离，以防止氧气回流到煤管内引起爆炸。

（3）向心型：氧管前端向内收缩，使氧流与煤流形成一定交角，以达到煤氧充分混合燃烧的要求。

（4）多孔型：氧气通过许多小孔喷出，同时喷入煤流以促进氧煤混合。

目前，氧煤枪的寿命较普通型喷煤枪的寿命短，有待进一步研究和改进。

5.4 喷煤操作

5.4.1 高炉喷煤正常工作状态的标志

高炉喷煤正常工作状态的标志是：

（1）喷吹介质高于高炉热风压力0.15MPa；

（2）罐内煤粉温度低于70℃（烟煤）或低于80℃（无烟煤）；

（3）罐内：含氧量低于8%（烟煤）或含氧量低于12%（无烟煤）；

（4）煤粉喷吹均匀、无脉动现象；

（5）全系统无漏煤、无漏风现象；

（6）煤粉喷出在风口中心，不磨风口；

（7）电气极限，信号反应正确；

（8）安全自动联锁装置良好、可靠；

（9）计量器、各仪表信号指示正确。

5.4.2 高炉喷煤与停煤的操作程序

高炉喷吹罐组各阀门相对位置见图5－18。

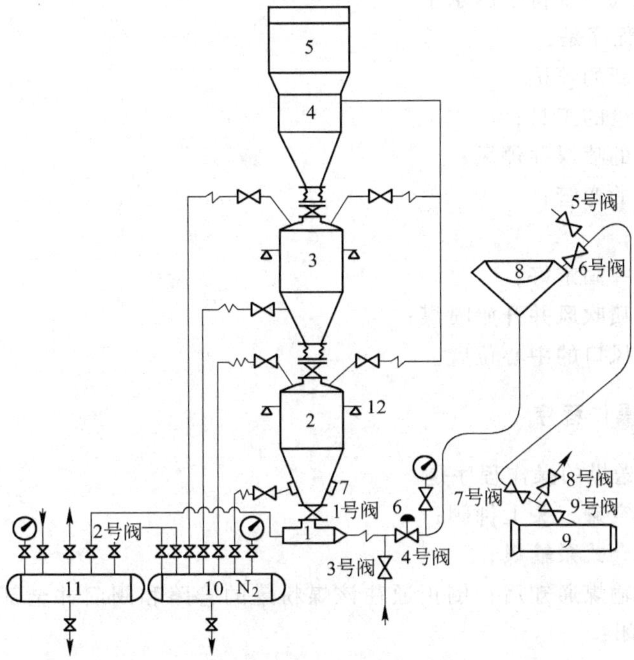

图5－18 高炉喷吹罐组各阀门相对位置示意图

1—混合器；2—喷吹罐；3—贮煤罐；4—集煤罐；5—布袋箱；6—快速切断阀；7—氮气流化装置；8—分配器；9—风管；10—氮气分配器；11—压缩空气分配器；12—电子秤

1号—下煤阀；2号—喷吹风阀；3号—吹扫阀；4号—快速切断阀；5号—分配器出口支管吹扫阀；6号—分配器出口支管阀；7号，9号—喷枪喷吹阀；8号—喷枪吹扫阀

高炉喷煤操作程序按如下步骤进行：

（1）关 1 号下煤阀，向下罐装煤并充压；

（2）关 3 号、5 号、8 号系统吹扫阀；

（3）开 2 号喷吹风阀和快速切断 4 号阀；

（4）开 6 号分配器出口阀和喷枪前后 7 号和 9 号喷吹阀，通风扫线并确认管线畅通；

（5）调整喷吹罐压力达到需要水平开 1 号下煤阀；

（6）开补压阀进行自动补压；

（7）检查各风口煤量是否均衡，对煤量少的要进行调整。

高炉长期（停煤时间超过 8h）停煤的操作程序如下：

（1）清扫布袋积粉；

（2）停煤前 1h，将上、中、下罐内煤粉全部喷干净；

（3）关 1 号下煤阀；

（4）关 2 号喷吹风阀、6 号分配器出口阀、7 号和 9 号喷枪喷吹阀；

（5）开均压和放散阀，喷吹罐转常压；

（6）检查各喷枪，或将喷枪拔出，损坏的要更换。

高炉短期（停煤时间小于 8h）停煤的操作程序：

（1）关 1 号阀停止给煤；

（2）关 4 号快速切断阀；

（3）关 2 号喷吹阀，停止喷吹；

（4）喷煤罐充氮气，维持正压水平。

更换喷枪的操作程序是：

（1）备好及检查新的喷枪；

（2）备好更换喷枪的工具；

（3）停止该风口的喷煤并停风；

（4）卸开喷煤枪的弯管；

（5）拔出旧喷枪；

（6）插上新喷枪并固定好；

（7）开该喷枪的喷吹风并开始喷煤；

（8）确认煤流在风口的中心位置。

5.4.3 输煤及倒罐操作程序

仓式泵向集煤罐送煤的操作程序是：

（1）确认上罐是空罐，关上钟阀；

（2）喷吹工联系仓式泵输煤；

（3）仓式泵接到输煤通知后，倒正通往该煤粉罐的管路和阀门并全部开启，与此管路相连的其他阀门全部关闭；

（4）开输煤阀，开扫线阀，并确认管路畅通；

（5）开仓式泵充压阀，泵被压力压到正常压力下限时，关扫线阀后，开输煤阀；

（6）当仓式泵，电子秤回零，延时 30s 关输煤阀后开扫线阀；

（7）开仓式泵放散阀；

（8）管线扫净后，关扫线阀。

集煤罐向贮煤罐装煤的操作程序如下：

（1）开贮煤罐放散阀；

（2）开上钟阀；

（3）监视煤粉已装入中罐，电子秤指示在规定的吨位；

（4）关上钟阀；

（5）关放散阀。

贮煤罐向喷吹罐装煤的操作程序如下：

（1）开贮煤罐下充压阀和上充压阀；

（2）开均压阀；

（3）贮煤罐压力达到或超过下罐压力时开下钟阀，同时关贮煤罐上、下充压阀；

（4）待贮煤罐倒入下罐后，关下钟阀；

（5）关均压阀；

（6）关放散阀；

（7）开补压阀，控制罐压在需要水平。

5.4.4 喷煤量调节

喷煤量调节方法与混合器结构有关，其结构不同，调节方法也不同。

喷射型混合器喷煤量调节：

（1）调节喷煤罐压力。罐压越高，则喷煤量越大；罐压不变，料位越低，喷煤量越大；如图 5－19 所示。

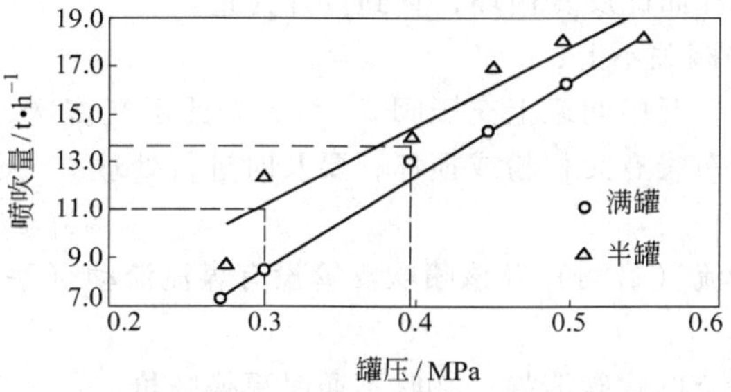

图 5－19 罐压与喷吹量的关系

（2）调节喷吹风量。风量越大，煤粉浓度越低，喷煤量减小。

（3）调节下煤阀开度。下煤阀开度越大，浓度越高，喷煤量增加。

流化床混合器喷煤量调节：

（1）喷煤量变动大时调罐压。罐压高，喷煤量大；罐压低，喷煤量小。

（2）调节流化床气室风量。风量越大，煤粉浓度越小，则喷吹量减少。但风量过小，不起流化作用，影响喷吹量。

（3）调节下煤阀开度。下煤阀开度越大，煤粉浓度增加，则喷煤量增大。

流化罐混合器喷煤量调节：

（1）喷煤量变动大时调罐压。罐压高，喷煤量大；罐压低，喷煤量小。

（2）微调时，调节喷吹管路补气量。补气量越多，煤粉浓度越低，则喷煤量减少，见图 5－20。

5.4.5 喷煤系统的故障及处理

喷煤系统的主要故障及处理方法是：

（1）混合器堵塞：

征兆：喷吹管道煤粉浓度下降甚至为零，风口煤流消失，喷吹管压力下降，接近高炉热风压力，电子秤显示喷煤量降低。

处理方法：停止喷煤，卸开混合器（给煤器），清除其中的杂物，恢复喷煤。

（2）喷吹管道堵塞：

堵塞表现：如总管堵，喷煤量降低为零；如在前部堵，喷吹管压力接近输送介质压力；如在后面堵，则喷吹管压力接近高炉热风压力，喷煤罐压力自动上升，并很难控制。

处理方法：①正吹法：用清扫风把煤粉向高炉方向清扫，打开喷枪清扫阀。②倒吹法：从喷枪倒吹阀接上清扫风源向喷吹罐方向吹扫，并打开倒吹阀把煤粉清扫到收煤罐或布袋系统。③分段清扫。

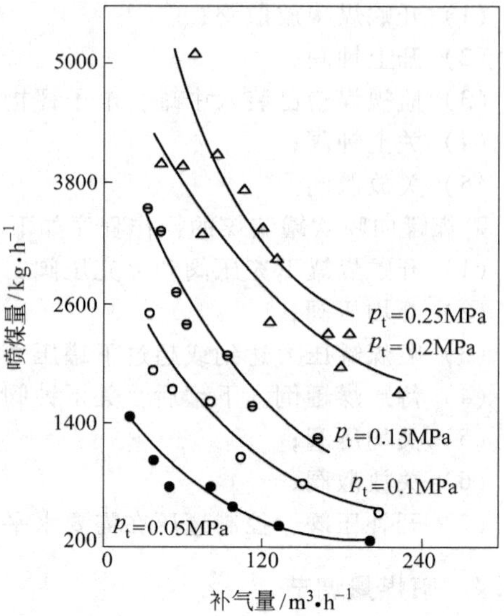

图5-20　不同罐压补气量与喷煤量的关系

（3）倒罐时下钟阀打不开：

处理方法：①检查机电设备极限位置和传动钢绳是否掉道。②如非机电问题，则开放散阀将中间罐压力放掉0.2～0.25MPa，然后关闭。开中间罐下充压阀，使其压力略高于喷煤罐压力0.03MPa，再开下钟阀。如此反复循环，直到打开为止。

（4）中间罐过满上钟阀关不上：

处理方法：关放散阀，开中间罐上充压阀2～5s，如此反复多次，直到上钟阀关上。采用此种处理方法后，要检查布袋有无积粉或损坏，要及时进行处理。

（5）喷枪堵塞：

特征：该风口没有煤流（目测）及该喷吹支管没有煤流流动（手感），该喷吹支管压力高达风源压力（多管路）。

处理方法：①打开喷枪倒吹阀清扫；②吹不通时更换喷枪。

（6）其他事故及处理：

1）喷吹系统各罐的煤粉超过规定温度：对煤粉仓和集煤罐内温度规定：烟煤不超过70℃，无烟煤不超过80℃。如超过规定温度，应尽快把罐内煤粉全部喷吹出去，待温度下降到正常后再恢复喷吹。还可以把喷吹风源及充压用的压缩空气改为氮气。

一般情况各罐和煤粉仓内煤粉存放不许超过4h。

2）空气和氮气压力突然降低：正常工作时，压缩空气的压力大于高炉热风压力0.15MPa；氮气压力高于压缩空气的压力。压缩空气的压力突然降低，应立即关闭下煤阀、喷吹风阀及自动切断阀（在联锁失灵的情况下），如压缩空气压力短期不能恢复时，则要按停煤状态处理。若氮气压力突然降低，应立即关闭喷煤罐手动补压阀门，防止煤粉倒流入氮气包内。

3）停电：短时间停电维持继续喷煤，若罐内煤粉全部喷净后仍未送电，则停止喷煤。

5.5　喷煤系统的设备点检

喷吹系统（串罐式）的设备点检方法有目测、听音、手触、工具校验、仪器检测及其他检测方法，见表5-1。

表 5－1 串罐式喷吹系统设备点检内容及方法

点检部位	点检项目	点检内容	点检周期	设备状态		点检方法	点检标准	常见故障	相应故障分析
				运行	停机				
N_2 充压系统	气动球阀	运转、密封	次/班	运		听、看	动作灵敏、不漏气	1. 阀门打不开； 2. 管道堵塞； 3. 气源波动大	1. 气源故障、电气故障、机械故障； 2. 煤粉杂质多、煤粉潮湿、操作不当
	充压调节阀	运转、密封		运		听、看	动作灵敏、不漏气		
	压力调节阀	运转、密封		运		听、看	动作灵敏、不漏气		
	缓冲罐	密　封		运		听、看	不漏气		
流化松动装置	汽缸	运转、密封	次/班	运		听、看	动作灵敏、不漏气		
钟阀	传动机构	运　转	次/班	运		看、听	动作灵敏、不漏气		
	密封圈	密　封			停	看、听	不漏气		
蝶阀	气动阀	运转、密封	次/班	运		看、听	动作灵敏、不漏气		
放散管路及粉仓	放散阀	运转、密封	次/班	运		看、听	动作灵敏、不漏气		
	粉　仓	密　封	次/班	运		看	不漏粉		
喷煤管线末端	喷、扫阀组	密封、压力		运		看	动作灵敏、不漏气、不漏煤		
	控制气管	密封、磨损	次/班	运		摸、听、看	不漏气		
	调节阀	密封、运转					不漏气、压力正常、调节灵敏		
流化系统	流化管路	密　封	次/班	运		摸、听、看	不漏气		
	流化床	温　度			停	摸、听、看	透气性好		
	法兰连接	密　封		运		摸	不漏气		
喷吹罐	法兰连接	密　封	次/班	运		摸、听、看	各部位温度均匀		
	罐　体	密　封	次/班	运		看	不漏气		
控制气源	减压阀	密封、运转	次/班	运		摸、听、看	不漏气、动作灵敏		
	电磁阀	密封、运转		运		摸、听、看	动作灵敏、换向正常		
	接　头	密　封		运		摸、听、看	不漏气		
补气控制	补气流量	密　封		运		听、看	球阀动作灵敏、不漏气、透气元件无堵塞		
	手动吹扫	密　封		运		摸、听、看	阀门灵敏、不漏气		

复习思考题

5-1　煤粉喷吹装置的主要功能是什么？
5-2　串罐式喷吹的结构是怎样的，有什么特点？
5-3　并罐式喷吹的结构是怎样的，有什么特点？
5-4　什么叫单管路喷吹，有什么特点？
5-5　什么叫多管路喷吹，有什么特点？
5-6　煤粉喷吹系统的主要设备有哪些，各有什么作用？
5-7　高炉喷煤正常工作的标志是什么？
5-8　高炉喷吹煤粉量的调节方法有哪些？
5-9　试述高炉喷吹系统常见故障及处理。
5-10　高炉操作对煤粉分配器的要求有哪些？
5-11　试述煤粉混合器的作用及工作原理。
5-12　为什么要加流化装置？
5-13　喷吹枪分为哪几种，各有什么特点？

6 喷煤与高炉冶炼

6.1 高炉内燃料的燃烧

燃料是高炉冶炼不可缺少的原料之一，目前高炉冶炼使用的燃料有焦炭和喷吹燃料，并且喷吹燃料已占到全部燃料用量的10% ~30%。高炉内燃料中的碳除少部分消耗于直接还原和渗碳外，大部分是在风口前被鼓风中的氧所燃烧。

6.1.1 炉缸内的燃烧反应

6.1.1.1 焦炭在高炉冶炼中的作用

焦炭在高炉冶炼中的作用是：

（1）发热剂。焦炭在风口前燃烧放出大量的热，使高炉内的温度升高，促进炉内的各种化学反应的进行。高炉冶炼所消耗的热量有70% ~80%来自燃料的燃烧，无喷吹时全部是焦炭。

（2）还原剂。焦炭中的固定碳和它产生的CO、H_2与铁矿石中的氧化物反应，把铁还原出来，铁矿石还原所需要的还原剂几乎全部由燃料提供。

（3）料柱骨架。高炉内的矿石和熔剂下降到高温区时，全部软化和熔化成液体，焦炭则既不软化也不熔化，因而成为高炉内支撑料柱的骨架。焦炭在高炉料柱中约占整个体积的三分之一至二分之一，且又是多孔的固体，可起到改善料柱透气性的作用。

炉缸内的燃烧反应对高炉冶炼的影响主要是：

（1）焦炭在风口前燃烧放出的热量，是高炉冶炼过程中的主要热量来源。高炉冶炼所需要的热量包括：炉料的预热、水分蒸发和分解、碳酸盐的分解、直接还原吸热、渣铁的熔化和过热、炉体散热及煤气带走的热量等。其绝大部分都是由燃料在风口前燃烧提供。

（2）炉缸内燃烧反应的结果是产生大量的一氧化碳气体，一方面为炉身中上部提供传热介质和热量，另一方面为高炉冶炼提供间接还原的还原剂。

（3）在炉缸内，发生燃烧反应的过程中，固定炭不断变为气体离开高炉，为炉料的下降提供了大量的自由空间，从而使装入高炉内的炉料可以不断下降，使冶炼正常进行。

（4）风口前焦炭的燃烧状态，直接影响高炉内煤气流的初始分布，从而影响整个炉内的煤气流分布和高炉顺行。

（5）炉缸内的燃烧反应决定炉缸内温度制度，从而影响造渣、脱硫和生铁的最终形成过程及炉缸工作的均匀性，也就是说炉缸燃烧反应好坏影响生铁的质量。

炉缸燃烧反应的主要特点是：高炉炉缸的燃烧反应与一般的燃烧反应不同，它是在充满焦炭和煤粉没有过剩氧的环境中进行的。因为，在高炉中整个充满着还原性气氛，只有风口前有一个自由氧存在的区域是氧化性气氛。这里有从风口鼓入的强大空气流，因而存在着大量的自由氧，使焦炭中的碳与充足的氧发生激烈的反应，此时的燃烧为完全燃烧，生成氧化性气体CO_2，产生大量的热能。其化学反应式如下：

$$C + O_2 = CO_2 \quad +400928kJ \tag{6-1}$$

燃烧的初期产物 CO_2，随着气流向炉缸内部扩展，与赤热的焦炭相遇。这时，随着氧气的消耗，氧气量不断减少，而焦炭量不断增加，CO_2 与碳作用发生碳的气化反应，其化学反应式为：

$$CO_2 + C = 2CO \quad -165797kJ \tag{6-2}$$

随着气化反应的不断进行，CO_2 全部转变为还原性气体 CO。又因鼓风中带入了大量的氮气（N_2），而氮气是不参加反应的，因而，风口前焦炭的实际燃烧反应为：

$$C + O_2 + \frac{79}{21}N_2 = CO_2 + \frac{79}{21}N_2 \quad +400928kJ \tag{6-3}$$

$$+)\ C + CO_2 = 2CO \quad -165797kJ \tag{6-4}$$

$$2C + O_2 + \frac{79}{21}N_2 = 2CO + \frac{79}{21}N_2 \quad +235131kJ \tag{6-5}$$

根据上式可计算出炉缸初始煤气成分：

$$CO = \frac{2}{2+3.76} \times 100\% = 34.7\%$$

$$N_2 = \frac{3.76}{2+3.76} \times 100\% = 65.3\%$$

鼓风中总有一定量的水蒸气，在高温条件下它将发生以下反应：

$$H_2O + C = H_2 + CO \quad -124474kJ \tag{6-6}$$

从以上可以看出，炉缸煤气是由 CO、H_2 和 N_2 组成。并且随着鼓风湿度的增大，煤气中的 H_2、CO 含量也增加，煤气成分含量也发生变化。另外，高炉喷吹燃料时，一般均以常温喷入，喷入的燃料在炉缸短时间内完成：吸热、结晶水分解、碳氢化合物裂解燃烧，残碳燃烧等反应。碳氢化合物与氧的燃烧反应为：

$$C_nH_m + \left(n + \frac{m}{4}\right)O_2 = nCO_2 + \frac{m}{2}H_2O \tag{6-7}$$

喷吹的物质在炉缸中形成的 CO_2、C、H_2O 继续参加燃烧反应，最终变成 CO、H_2，因此，炉缸燃烧反应的最终产物是 CO、H_2、N_2。

6.1.1.2　炉缸煤气成分变化

（1）炉缸煤气成分变化

炉缸煤气成分变化如表 6-1 所示。

表 6-1　不同鼓风湿度与理论炉缸煤气成分

鼓风中的水分		成分（体积分数 φ）/%						$\frac{\varphi(O_2)}{\varphi(N_2)} \times 100$
		水分解后鼓风成分			燃烧产物			
体积分数/%	g/m³	O_2	H_2	N_2	CO	H_2	N_2	
0	0	21.00	0.00	79.00	34.7	0.0	65.3	26.85
0.5	4.02	21.09	0.49	78.42	34.82	0.4	64.78	26.90
1.0	8.05	21.184	0.995	77.821	34.96	0.83	64.21	27.22

续表 6-1

鼓风中的水分		成分（体积分数 φ）/%						$\frac{\varphi(O_2)}{\varphi(N_2)}\times 100$
		水分解后鼓风成分			燃烧产物			
体积分数/%	g/m³	O_2	H_2	N_2	CO	H_2	N_2	
1.5	12.10	21.28	1.48	77.24	35.08	1.24	63.68	27.53
2.0	16.10	21.37	1.98	76.65	35.21	1.63	63.16	27.85
2.5	20.20	21.42	2.47	76.11	35.33	2.03	62.64	28.18
3.0	24.20	21.58	2.96	75.46	35.45	2.44	62.11	28.62
3.5	28.20	21.64	3.44	74.92	35.58	2.83	61.69	28.92
4.0	32.20	21.77	3.92	74.31	35.69	3.22	61.09	29.30

（2）炉缸煤气成分的变化规律

炉缸煤气成分的变化规律是：

沿风口中心线煤气成分在炉缸半径上的变化规律如图 6-1 所示。

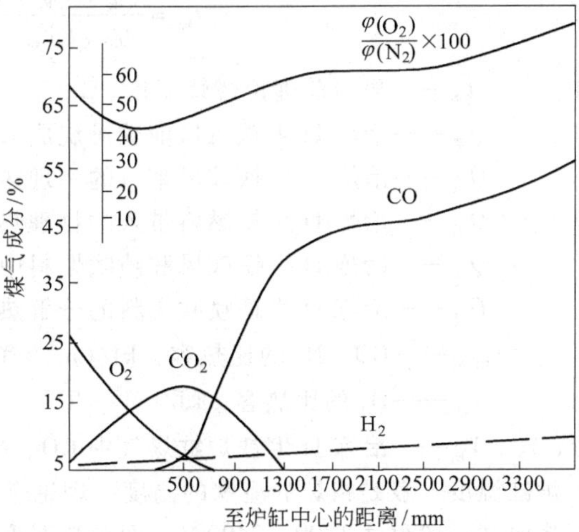

图 6-1 沿风口中心线煤气成分在炉缸半径上的变化规律

鼓风进入高炉遇着炽热的焦炭，焦炭就开始燃烧。因此，自风口前端向炉缸中心，气体中的氧含量很快下降，而 CO_2 的含量相应上升，至氧消失（对于大高炉约距风口前端 800～1000mm）时，CO_2 达到最大值。这是由于风口前氧化较充足，碳的完全燃烧（$C+O_2=CO_2$）反应充分进行的缘故。此后，CO_2 开始减少，CO 则迅速增多，在 CO_2 消失处，CO 的含量达到理论值（34.7%）。这是因为氧消失后，碳的气化反应（$CO_2+C=2CO$）得到激烈发展。继续向炉缸内深入，CO 仍缓慢增多，到炉缸中心时 CO 含量一般可达 40%～50%，如果炉缸中心透气性较差鼓风动能较小时，CO 含量甚至高达 80% 以上。炉缸中心区煤气中 CO 含量超过理论值的现象，说明炉缸内部有直接还原反应发生。

煤气中 H_2 是在氧开始消失和 CO_2 含量最高处开始出现，随后煤气中 H_2 含量微微上升，直到炉缸中心。图中反映出炉缸煤气中 $O_2/N_2\times 100\%$ 的变化曲线。鼓风中的氧氮比随鼓风湿度而改变。O_2/N_2 的比值降低，说明已还原的元素被再氧化而使气体中氧的含量减少；而 O_2/N_2 的比值升高，则说明直接还原反应的结果，使氧化物中的氧进入炉缸煤气之中。

影响炉缸煤气成分和数量的主要因素是：鼓风湿度，鼓风含氧量和喷吹物等。当鼓风湿度增加时，由于水分在风口前分解成 H_2 和 O_2，炉缸煤气中的 H_2 和 CO 量增加，N_2 含量相对下降。喷吹含 H_2 量较高的喷吹物时，炉缸煤气中含 H_2 量增加，CO 和 N_2 量相对下降。当鼓风中氧浓度增加时（如富氧鼓风），炉缸煤气中的 CO 浓度增加，N_2 浓度下降，由于 N_2 浓度下降的幅度较大，煤气中的 H_2 浓度相对增加。前两种情况下炉缸煤气量增加，后一种情况下煤气量下降。

炉缸煤气成分对高炉冶炼的影响是：炉缸煤气成分由还原性气体 CO、H_2 和不参加反应的

惰性气体 N_2 所组成。煤气中还原性气体浓度增加，可提高煤气的还原能力，增加间接还原，减少直接还原。特别是煤气中 H_2 浓度增加，还能降低煤气黏度，提高煤气的渗透能力，H_2 的扩散系数是 CO 的 3～5 倍，H_2 的反应速率也高于 CO。因此，喷吹燃料中含 H_2 高，有利于还原反应的进行，同时还提高煤气的传热能力。但煤气不仅是还原剂，同时也是传热介质，为了充分地进行热交换，炉内必须有足够数量的煤气。煤气中的 N_2 增加，淡化了还原气体的浓度，对高炉冶炼不利。但 N_2 由鼓风中带入高炉，经过热风炉预热，给高炉带入大量的物理热，是对高炉有利的一面。

6.1.2 燃烧温度及炉缸内温度的分布

6.1.2.1 理论燃烧温度

理论燃烧温度是指风口前焦炭和喷吹燃料燃烧所能达到的最高温度，即假定风口前燃料燃烧放出的热量全部用来加热燃烧产物所能达到的最高温度。在生产中一般是指燃烧带燃烧焦点的温度。它可用下式计算：

$$t_{理} = \frac{Q_{碳} + Q_{风} + Q_{燃} - Q_{水} - Q_{喷}}{c_{CO,N_2}(V_{CO} + V_{N_2}) + c_{H_2}V_{H_2}} \tag{6-8}$$

式中 $t_{理}$——风口前理论燃烧温度，℃；

$Q_{碳}$——冶炼 1t 生铁风口前碳燃烧成 CO 所释放出的热量，kJ；

$Q_{风}$——冶炼 1t 生铁鼓风带入的物理热，kJ；

$Q_{燃}$——冶炼 1t 生铁燃料带入的物理热，kJ；

$Q_{水}$——冶炼 1t 生铁鼓风和喷吹燃料中的水分的分解热，kJ；

$Q_{喷}$——冶炼 1t 生铁喷吹燃料的分解热，kJ；

c_{CO,N_2}——CO、N_2 的比热容，kJ/(m³·℃)；

c_{H_2}——H_2 的比热容，kJ/(m³·℃)；

V_{CO}，V_{N_2}，V_{H_2}——冶炼 1t 生铁炉缸煤气中 CO、N_2、H_2 的量，m³。

炉缸温度一般是指炉缸渣铁的温度，理论燃烧温度和炉缸温度两者有着本质上的区别。理论燃烧温度一般可达 1800～2400℃，而炉缸温度一般在 1500℃左右。

理论燃烧温度高，说明同样体积的煤气有较多的热量，可把更多的热量传给炉料，有利于炉料的加热、分解、还原等过程的进行。尤其高炉喷吹燃料以后，较高的燃烧温度可以加速喷吹物的燃烧，改善喷吹燃料的利用。

6.1.2.2 影响理论燃烧温度的因素

（1）鼓风温度。鼓风温度升高，则鼓风带入的物理热增加，理论燃烧温度升高。鼓风湿度为 1.5% 且无富氧、无喷吹时，鼓风温度和理论燃烧温度的数值对应如下：

风温/℃	理论燃烧温度/℃
800	1994
900	2013
1000	2154
1100	2237
1200	2319

（2）鼓风富氧度。鼓风含氧量提高以后，N_2 含量减少，此时，虽因风量减少而带入的物

理热（$Q_{风}$）有所降低。但由于炉缸煤气中 N_2 量降低的幅度大，理论燃烧温度显著升高。风温为 1100℃，鼓风湿度为 1.5%，无喷吹时有下列关系：

鼓风含氧量/%	理论燃烧温度/℃
21	2237
22	2267
23	2314
24	2360
25	2404

（3）喷吹燃料。由于喷吹燃料分解吸热和炉缸煤气中 H_2 量增加，理论燃烧温度降低。由于各种喷吹燃料的分解热不同，例如，含 H_2 22% ~24% 的天然气分解热为 3350kJ/m^3，含 H_2 11% ~13% 的重油分解热为 1675kJ/kg，含 H_2 2% ~4% 的无烟煤分解热为 1047kJ/kg，烟煤比无烟煤吸热还要高出 120kJ/kg 以上。所以，喷吹天然气降低理论燃烧温度最剧烈，重油次之，无烟煤降低最少。据统计，每喷吹 10kg 煤，理论燃烧温度降低 20 ~30℃。喷吹无烟煤可取下限，喷吹烟煤可取上限。风温 1100℃，鼓风湿度 1.5%，无富氧时有：

喷吹重油/kg · t^{-1}	理论燃烧温度/℃
0	2237
20	2125
40	2117
60	2069
80	2022
100	1980

（4）鼓风湿度。鼓风湿度的影响与喷吹物相同，由于水分分解吸热，理论燃烧温度降低。

6.1.2.3 炉缸内温度分布

炉缸煤气既是热源又是传热介质，因此，炉缸温度分布与其密切相关，如图 6 -2 所示。

处于炉缸边缘的燃烧带温度最高，而其中 CO_2 含量最高处也是温度最高的地方，即燃烧焦点。由边缘向中心煤气量逐渐减少，温度也逐渐降低。这是炉缸内温度分布的一般规律，然而燃烧带和中心部分温度的高低还受冶炼强度、鼓风动能、炉内直接还原和喷吹燃料等条件的影响。

当冶炼强度较高和鼓风动能较大时，大量煤气到达中心，中心温度也随之升高，使中心部分得到充足的热量，保证炉缸工作均匀活跃，这是保证高炉顺行和高产优质的基本条件。相反，如果冶炼强度过低，则中心部分热量不足而形成中心堆积，会严重影响高炉顺行和生铁质量。

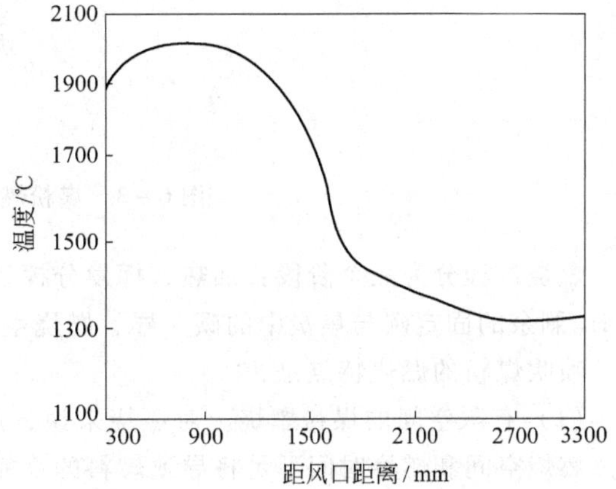

图 6 -2 沿半径方向炉缸温度变化

直接还原是大量吸热的反应，当炉内直接还原度较高时，由于吸收大量的热量，炉缸中心温度降低，影响正常的冶炼过程。

高炉喷吹燃料时，虽然燃烧带温度降低，但同时由于煤气量增加，炉料进入炉缸之前的加热和还原充分，直接还原度降低，炉缸中心温度有所升高，沿炉缸半径的温度分布趋于平坦，使整个炉缸截面上的温度更加均匀，显著改善炉缸工作，有利于高炉顺行。

6.1.3　喷吹煤粉在风口前的燃烧

6.1.3.1　燃烧带

炉缸内燃料燃烧成 CO_2 的区域称为燃烧带。它包括氧化区和还原区，如图 6－1 所示。

风口前自由氧存在的区域称为氧化区，自由氧消失到 CO_2 消失的区域称为还原区。由于燃烧带是高炉内唯一属于氧化性气氛的区域，它能使焦炭中的碳和生铁中的铁、硅、锰、碳等元素的再次氧化，因此亦称氧化带。在燃烧带中，当 O_2 过剩时，C 首先与 O_2 反应生成 CO_2，只有当 O_2 开始下降时，CO_2 才与 C 反应，使 CO 急剧增加，CO_2 逐渐消失。因此，燃烧带的尺寸可按 CO_2 消失的位置确定，实践中常以 CO_2 降到 1% ~2% 的位置定为燃烧带的界限。

高炉喷吹燃料后，喷吹物中的碳氢化合物燃烧，大量气化。这时，H_2O 中的 O_2 与 CO_2 中的 O_2 一样，使一部分焦炭中的碳被燃烧，不过这种燃烧是在自由氧极少或消失之后才能进行。在这种情况下，燃烧带的大小就不能只用 CO_2 含量来确定了，还必须考虑气相中 H_2O 的含量（也按 2% H_2O 来确定其边界位置）。

6.1.3.2　喷吹煤粉在风口前的燃烧

我国大部分高炉喷吹煤粉，也有喷吹重油和天然气的。喷吹的燃料在与热风混合前，温度都比较低，因此，在燃烧前有一个加热的过程。

喷吹煤粉的燃烧与气化过程见图 6－3。

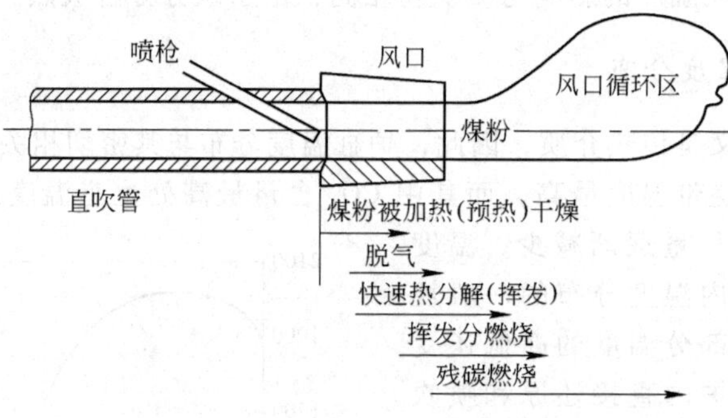

图 6－3　煤粉燃烧与气化示意图

燃烧过程分为三个阶段：加热、挥发分挥发和燃烧。挥发分中的碳氢化合物也燃烧成 CO 和 H_2 剩余的固定碳与焦炭中的碳一样，燃烧生成 CO。

喷吹煤粉的燃烧特点是：

（1）有限空间的煤粉燃烧。对燃烧来说，燃烧过程、燃烧空间和燃烧时间是很重要的条件。燃烧空间和燃烧时间不足将导致燃料的不完全燃烧，以致浪费能源并引起环境污染，操作条件恶化。高炉喷煤枪位于直吹管的前段，离风口回旋区很近，煤粉一般经过 400 ~600mm 进入高炉，直吹管内一般为 200mm，风口则更小，这样连同回旋区在内的煤粉燃烧空间很小。另外，直吹管内正常的热风速度达到 100 ~150m/s，所以煤粉停留时间很短，很难满足燃烧时间的要求。

（2）高加热速率及高温环境中的煤粉燃烧。从喷枪喷入直吹管的煤粉，是从冷煤枪（一般温度低于 80℃）突然进入 900 ~ 1200℃ 的热风中，此时煤粉的加热速率可达 10^3 ~ 10^6℃/s，煤粉的燃烧温度高达 2000℃，接近爆炸火焰的温度。

（3）交织进行的物理化学反应速度。由于煤粉处于很高的加热速率下，煤粉燃烧的预热、干燥、挥发、着火、挥发分的燃烧以及残碳燃烧等过程，几乎是同时交叉进行。

（4）高炉喷煤是在加压下分解燃烧。煤粉的燃烧是在高温高压下进行的，其挥发分产物成分和数量都发生变化，其过程如图 6－4 所示。

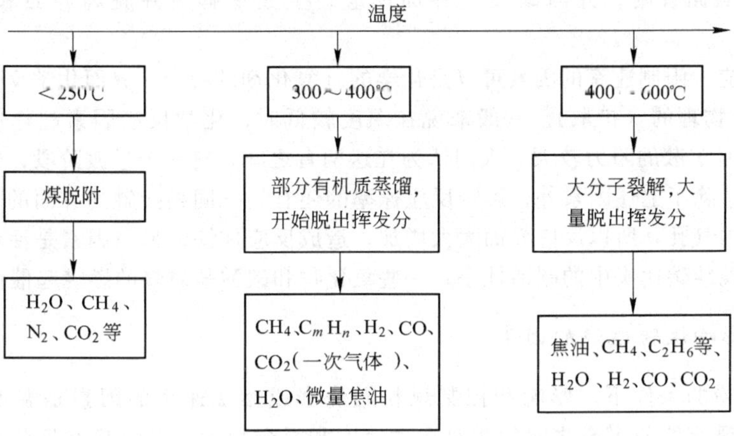

图 6－4 煤粉的燃烧过程

煤的热解过程是在 300 ~ 400℃ 开始的，可见煤的燃烧是分解燃烧。挥发分大量分解后，煤的颗粒结构发生变化，出现了大量的空洞，煤中的官能团和烷基侧链断裂，使其燃烧不仅在表面，而且在内部也进行。

以上说明，喷吹燃烧有很大一部分在风口内部与空气混合过程中就已开始燃烧，一小部分进入炉内燃烧，这是与焦炭在风口前燃烧的不同之处。

6.1.3.3 煤粉在风口前的燃烧机理

煤粉在高炉内代替焦炭提供还原剂和热量，必须使它喷入高炉后气化燃烧，才能发挥其作用。

（1）煤的燃烧气化。煤粉在风口气化燃烧的过程分三个阶段：煤粉被加热并发生挥发分的析出阶段；挥发分的燃烧和脱气阶段；挥发分剩余的物质（灰分、有机物等）与氧化性气体进行非均相燃烧反应。

高炉冶炼使用的焦炭是煤在焦炉内干馏而成的，它已在炼焦过程中完成了上述煤气化的前两个过程。焦炭中所含的少量挥发分也在下降过程中逐渐析出，到达风口前燃烧带气化只是进行最后的燃烧反应，而且，焦炭是具有相当强度的块状，绝大部分不会随煤气流上升，而在燃烧带以下及在炉缸内不断与 O_2 或 CO_2 反应气化。

煤粉则不同，喷入到风口前才完成上述煤气化的三个阶段，而且，需要在很短暂的时间内完成，否则它将随着煤气流离开燃烧带。大量未气化的煤粉会给高炉冶炼带来不利影响，因此，煤粉气化是高炉喷吹煤粉的重要环节。

（2）煤的热分解。煤粉的热分解过程是一个很复杂的过程，因为，煤不是一种均匀物质，一个煤样的不同部分在成分和性质上有很大差别，所以，常用热分解产物来说明不同类型煤的热分解。

（3）碳的燃烧氧化反应。它是煤的燃烧气化的最后一个阶段，是碳与氧化气体进行非均质的氧化反应。这些反应在煤粉进入直吹管到风口燃烧带内均可发生，但是离开燃烧带的最终产物是 CO 和 H_2。

综上所述，碳与气相的 O_2、CO_2、H_2O 和 H_2 的反应都是气固相反应，所以，它遵循着气—固相反应的一般规律。那就是在气流中碳颗粒被气体包围着，气体反应物向固体碳粒扩散，然后被气体表面吸附，并与碳发生界面反应，生成物解吸并脱离界面和颗粒表面向外扩散。

在碳燃烧反应中限制速率的因素可以是化学的（氧化剂的吸附、界面化学反应、反应产物的解吸），也可以是物理的（扩散）。一般来说在温度较低时，化学反应因素起作用较大；而高温时，如超过 1000℃扩散的阻力较大。人们认为在这两者之间，有一个过渡阶段，化学的物理的同时起着控制作用。除了上述因素外，影响反应速率的还有气—固相接触的界面的大小，由于煤的热分解造成很多内气孔，所以反应界面大大增加，造成反应加快，另一因素是活性和催化剂的作用，在研究中发现纯碳比炭中的碳活性小，一些氧化物和碳酸盐对煤的燃烧起催化作用。

6.1.3.4　影响煤粉燃烧的因素

高炉喷吹煤粉的条件下，影响和控制煤粉燃烧率或燃烧速率的因素是温度、煤粉颗粒尺寸、氧浓度，鼓风流股与煤粉之间的相对运动速度和混合程度以及煤粉本身结构等。

（1）温度。普遍的规律是温度能加快煤粉挥发物挥发速度、燃烧速度。因为它既能加快化学反应速度，也能增大氧的扩散速度，因此，在喷煤过程中提高风温，有利于提高煤粉的燃烧和气化。

（2）煤粉颗粒。研究表明反应速率与碳的活性和内部、外部表面积有关。煤粉的比表面积越大，活性也越大，而且纯碳比炭活性小，品位低的炭比品位高的炭活性大。在一定条件下，氧化反应不仅在煤颗粒表面上进行，反应气体也扩散至颗粒内部。因此，煤粉的内表面积越大，燃烧速率越高，随着煤粒燃烧程度增加，观察到反应速度也增加，接着反应速率又下降。这是因为开始阶段煤的气孔扩展，暴露出越来越多的内表面，气孔内表面一直扩展到某一程度，气孔发生接合及热煅烧，内部面积又开始减少，随之速率也下降。

（3）氧的浓度。碳的气化速度是与气相中氧的浓度成正比的，在任何反应中，反应物的浓度差是反应进行的动力，浓度差越大，反应速率就越大。因此提高氧浓度和加快氧向碳表面传递速度是加快煤燃烧的重要因素，这也是当前采用富氧鼓风以提高喷煤量的重要依据。实验室研究结果表明：富氧 4% 可提高煤粉燃烧率 6.5%，即每增加 1% 富氧，可提高燃烧率 1.51%。

（4）气体－煤粒两相流动。在喷吹煤粉中，实际是鼓风流股（主要的）与喷枪喷射出来的煤粉（和载体）流股的相互运动和作用的过程，气体和煤粒在流股中的相互作用是非常重要的。在高炉喷吹煤粉情况下，因煤粉颗粒比气相分子大，气动力的作用是主要的，由于气体－煤粒流动牵涉到煤粉的燃烧速度，因而近年引起人们的研究，其结果影响到高炉喷煤中两个带方向性的问题：煤粉颗粒大小和富氧方式。这里不再细述。

（5）炭黑微粒的形成影响燃烧。大多数碳就像是嵌入的石墨结晶一样，而其中每一石墨结晶又是由几个薄片组成的。这些薄片是随机排列的，似乎是这种各向异性结构，造成了炭黑微粒有很高的抗表面氧化反应的能力，因此炭黑微粒的氧化或烧尽比其生成要慢得多。这也是喷煤过程中阻碍喷吹量提高的重要因素之一。

6.1.3.5 燃烧带对高炉冶炼的影响

燃烧带对高炉冶炼的影响，主要表现在以下两个方面：

（1）燃烧带是炉内焦炭和煤粉燃烧的主要场所，而焦炭燃烧所腾出来的空间，是促进炉料下降的主要因素，生产中燃烧带上方总是比其他地方松动且下料快。因此，当燃烧带占整个炉缸面积的比例大时，炉缸活跃的面积大，料柱比较松动，有利于高炉顺行。从下料顺行的角度来说，希望燃烧带水平截面的面积大些，多伸向炉缸中心，并且尽量缩小风口之间的炉料呆滞区。

（2）燃烧带是炉缸煤气的发源地，燃烧带的大小影响煤气流的初始分布。燃烧带伸向中心，则中心气流发展，炉缸中心温度升高。相反，燃烧带小，边缘气流发展，中心温度较低，对各种反应进行不利。炉缸中心不活跃和热量不足，对高炉顺行是极为不利的。因此，从煤气流分布合理和炉缸中心温度充足的角度来说，也是希望燃烧带较多地伸向中心。但燃烧带过分向中心发展会造成中心过吹，边缘气流不足，增加炉料与炉墙之间的摩擦阻力，不利于高炉顺行。因此，为了保证炉缸工作均匀活跃，必须有一个适当的燃烧带尺寸。

6.1.4 煤气上升过程中体积和成分的变化

高炉内煤气在上升过程中体积和成分是变化的。无喷吹时，炉缸煤气量大致为风量的1.21倍。煤气在上升过程中，由于参加了各种化学反应，煤气总体积又有所增加，到达炉顶时煤气体积大致增加到风量的1.37倍。这种变化如图6-5所示。

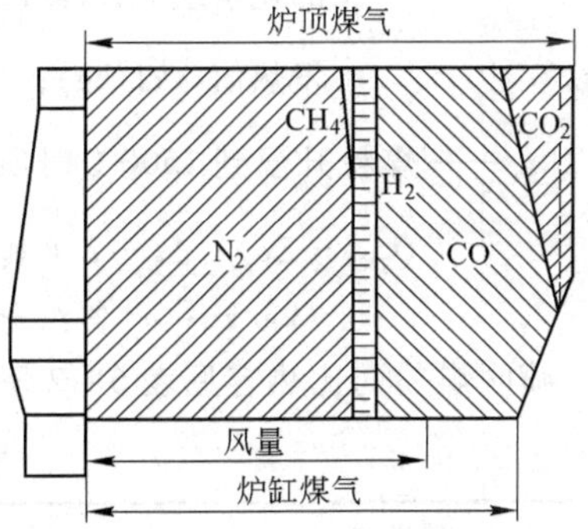

图6-5 炉内煤气成分的变化

由图6-5看到，煤气的体积总量在上升过程中是增加的。在高温区煤气中CO含量逐渐增加，煤气总体积也相应增多。

在中温区（炉腰以上），CO参加了间接还原，因而体积减小，含量逐渐降低。从中温区开始煤气中CO_2逐渐增加。总的煤气量体积仍有所增加。

喷吹燃料时，由于煤气中H_2量增加，生成的CH_4较多，如高炉喷吹含H/C比高的燃料时，炉顶煤气含H_2量增加更多，可达4%~6%或更高。而N_2含量降低，（$CO+CO_2$）升高。因而，在炉顶煤气中，有一定量的H_2和CH_4存在。

实际生产中，炉顶煤气成分随冶炼条件的变化而波动，工艺条件不同煤气成分有所不同。在高炉喷吹燃料后，煤气生成量比纯焦炭冶炼时有明显增加。纯焦炭冶炼时，炉缸煤气量约为风量的1.21倍，炉顶煤气是风量的1.35~1.37倍。喷吹燃料时，上述两值分别增大到1.25~1.30倍和1.40~1.45倍。炉顶煤气的主要成分为：CO、CO_2、H_2、N_2、CH_4。

6.2 高炉喷煤冶炼

高炉喷煤，在很大程度上促进了高炉冶炼技术的不断进步。

6.2.1 高炉喷煤后的冶炼特点

6.2.1.1 高炉喷煤后炉缸煤气流分布及工作状况

高炉喷煤后，由于部分煤粉在风口前气化燃烧，鼓风动能增大，使风口回旋区扩大。因此，喷煤后炉缸煤气量增加，使炉缸中心气流更为充足。另外，喷煤后炉缸煤气中心的 H_2 含量增加，使煤气黏度下降，更有利于炉缸煤气流均匀分布。

高炉喷吹煤粉时，由于煤以常温状态进入高炉，并且在风口区需加热、裂解，消耗部分热量，致使理论燃烧温度降低。例如，每喷吹 100kg/t 煤粉，炉缸煤气量较全焦冶炼时增加 4.6%（若喷烟煤还应大一些），炉缸总热量减少 5.3%，理论燃烧温度降低约 200℃。为保持炉缸的热状态，需要进行热补偿，热补偿的措施是提高风温和富氧。

用提高风温来进行热补偿，补偿的温度根据热平衡得出：

$$t = \frac{Q_{分} + Q_{1500}}{V_{风} + c_{p}^{风}} \tag{6-9}$$

式中　t——喷吹煤粉时应补偿的风温，℃；

$V_{风}$——风量，m^3/t；

$c_p^{风}$——热风在温度 $t_{风}$ 时的比热容，kJ/(m^3·℃)；

$Q_{分}$——喷吹煤粉的分解热，kJ/kg（或 m^3）：

$Q_{分} = 32740w(C) + 121019w(H) + 9261w(S) - Q_{低}$（其中，$w(H)$、$w(C)$、$w(S)$ 是煤粉的化学组成，kg/kg；元素前的系数是完全燃烧时产生的热量；$Q_{低}$ 是煤粉的低位发热值，kJ/kg）；

Q_{1500}——煤粉升温到 1500℃时所需要的物理热，kJ/kg：

$Q_{1500} = \Sigma c_p^i \cdot \Delta t \cdot i$（其中，$\Delta t$ 为温度变化范围，℃；i 为单位煤粉各组分含量，kg/kg；c_p^i 各组分在 Δt 的平均热容，kJ/(kg·℃)）。

喷吹煤粉的比热容见表 6-2 所示。

表 6-2　喷吹煤粉的比热容

温度范围/℃	0～500	500～800	800～1500
比热容/kJ·(kg·℃)$^{-1}$	1.0	1.26	1.51

例 6-1　某高炉 $t_{风}$ = 1050℃，$V_{风}$ = 1400m^3/t，其他条件不变，喷吹煤粉由 50kg/t 增加到 100kg/t，需补偿风温多少度？已知：煤粉中 C 为 72.04%，H 为 4.42%，S 为 0.65%，温度为 60℃，$Q_{低}$ = 27795kJ/kg，气化温度为 500℃，喷煤带入的压缩空气加热到 1500℃需热量 130kJ/kg 铁。

解：

$$Q_{分} = 32740 \times 0.7204 + 121019 \times 0.0442 + 9261 \times 0.0065 - 27795 = 1200.2\text{kJ/kg}$$

$$Q_{1500} = 1.0 \times (500 - 60) + 1.26 \times (800 - 500) + 1.51 \times (1500 - 800) = 1875\text{kJ/kg}$$

$$t = \frac{(1200.2 + 1875 + 130) \times (100 - 50)}{1400 \times 1.51} = 75.8℃$$

答：需要补偿风温 75.8℃。

6.2.1.2　高炉喷煤的冶炼特点

高炉喷吹煤粉后，与纯焦炭冶炼相比，主要有以下几个特点：

(1) 中心气流发展。高炉喷吹燃料后，高炉煤气流分布普遍出现中心气流发展，其原因是：

1) 炉缸煤气量增加。根据焦炭、重油、煤粉成分计算，在风口前不完全燃烧的条件下鼓入干风，每燃烧1kg燃料所生成的炉缸煤气成分与体积见表6-3。

表6-3 炉缸煤气成分与体积

燃料	CO/m^3	H_2/m^3	$\Sigma_{还原气}/m^3$	还原气相对焦炭/%	N_2/m^3	$\Sigma_{煤气}/m^3$	风量 $/m^3\cdot kg^{-1}$	$w(CO+H_2)$/%	当重油置换比为1.1、煤粉置换比为0.85时生成的$\Sigma_{煤气}/m^3$
焦炭	1.553	0.055	1.608	100	2.92	4.528	3.685	35.5	4.528
重油	1.608	1.29	2.898	180	3.02	5.918	3.810	49.0	5.375
煤粉	1.408	0.41	1.818	113	2.64	4.458	3.330	40.8	5.245

从表6-3可知，每燃烧1kg燃料，在风口前生成的炉缸煤气体积是不一样的，其中重油最多，且煤气成分中还原气体所占比例也大，煤气还原能力强。煤粉与焦炭相差不多，但喷入的煤粉含有一定量的H_2，故煤气还原能力也较强。喷吹燃料后，炉缸煤气量有所增加，而且还原能力有所加强。由于炉缸煤气量增加和还原气体中H_2量的增加，使到达炉缸中心的煤气量相应增加，促使煤气流向中心发展。

2) 鼓风动能显著增大。高炉鼓风所具有的机械能叫鼓风动能。鼓风具有一定的质量，并且以很高的速度通过风口向高炉中心运动，因此，具有一定的动能。由于喷吹燃料中的一部分物质在直吹管和风口内与氧汇合而发生燃烧反应，释放出热量，使温度升高，体积增大，因而使鼓风动能增大，促使煤气流向中心发展。

(2) 压差升高。喷吹燃料后，压差（煤气通过料层时的总压差）Δp普遍升高，并且随喷吹量的增加而增加。其原因是由于喷吹燃料产生的煤气量比被替代的焦炭产生的煤气量多，使煤气的浮力增加，加之喷吹燃料后焦比降低，料批中焦炭比例减少，使料柱阻力增大。

喷吹燃料后，虽然压差普遍升高，但仍可维持高炉顺行。这是因为喷吹燃料后焦炭负荷加重，炉料重量加大，有效重量上升。加上喷吹燃料后炉缸活跃，中心气流发展，故可允许在较高压差条件下操作。当然，为了扩大喷吹量，采取精料、高压操作、富氧鼓风等措施以防止压差过高，也是必须考虑的。

(3) 热量“滞后”现象。燃料吹入高炉后对炉温的影响要经过一段时间才能完全显示出来，这段时间称为热滞后时间，这种现象就是热量滞后现象。

因为增加煤粉喷吹时，煤粉在炉缸分解吸热增加，初期使炉缸温度降低，直到喷入的煤粉裂解、燃烧后，使炉缸的煤气量和还原气体的浓度增加，从而改善矿石的加热和还原。矿石下到炉缸后，炉缸温度才开始提高。喷吹量减少时与增加时相反。所以，可以用喷吹量来调节炉况，但不如风温来得迅速直接。

热量滞后时间与喷吹燃料的种类、炉容、炉内温度分布、煤焦置换比等因素有关。煤中含氢量愈多，在风口分解耗热愈多，则滞后时间愈长，如喷吹烟煤比无烟煤滞后时间长；炉容愈大时间愈长。

根据热力学分析和生产实践测定，H_2大部分是在高温区代替固定碳参加还原反应，因此，可以把炉料从H_2大量代替固定碳参加还原反应的地区下降到炉缸所经过的时间作为滞后时间，一般为2~4h。也可用下式估算滞后时间τ：

$$\tau = \frac{V_{总}}{V_{批}} \cdot \frac{1}{n} \tag{6-10}$$

式中 $V_{总}$——H_2 参加反应区起点处平面（炉身温度1100～1200℃处）至风口平面之间的容积，m^3；

$V_{批}$——每批料的体积，m^3；

n——平均每小时的下料批数，批/h。

例 6-2 某高炉炉缸直径为7m，炉腰直径7.9m，炉腹炉腰高各为3m，$V_{总}$ 约为478m³，焦批重5.2t,矿批重（烧结矿）20t，平均下料批数为6.6批/h。求热滞后的时间。

解：

$$\tau = \frac{478}{\dfrac{5.2}{0.45} + \dfrac{20}{1.64}} \times \frac{1}{66} = 3.05\text{h}$$

答： 热滞后3.05h。

掌握喷吹燃料的“热滞后”规律在于有效地调剂炉温，保证炉缸热制度的稳定。

（4）炉缸温度趋于均匀。喷吹燃料后，炉缸温度趋于均匀，铁水温度提高，其原因如下：

1）喷吹燃料后，风口前理论燃烧温度降低，使燃烧带温度降低。导致理论燃烧温度降低的主要因素：一是喷吹后因煤气量增加，加热煤气消耗的热量增加；二是燃料带入热量减少，喷吹后由于风口前燃烧的焦炭量减少，带入燃烧区的热量减少；三是增加了燃料分解热。焦炭中碳是以固定碳形式存在，直接与鼓风中氧化合燃烧，而重油和天然气中碳全部、煤粉中碳部分是以碳氢化合物状态存在，燃料燃烧时要分解吸热。

2）喷吹燃料后，炉缸中心温度上升，其主要因素有以下几个方面：一是由于煤气量和鼓风动能的增加，到达中心区煤气量增多，增加了炉缸中心热量收入；二是大量 H_2 参加还原反应，降低了直接还原度，减少了炉缸中心热量支出；三是煤气中 H_2 含量增加，提高了煤气的导热能力，有利于提高炉料温度；四是喷吹燃料带入 H_2 在燃烧区分解吸热，降低燃烧区温度。在较低温度区（炉缸中心或燃烧带上方）又重新结合，放出大量热量，有利于提高炉缸中心温度。

基于以上原因，喷吹煤粉后，燃烧焦点附近温度下降，炉缸中心温度上升，整个炉缸温度分布更趋均匀，促使炉缸工作更加均匀、活跃。

6.2.2 高炉喷煤对冶炼周期的影响

6.2.2.1 冶炼周期

炉料在炉内停留的时间称为冶炼周期，换言之炉料从炉顶到达风口的时间称为冶炼周期。它可以说明炉料下降速度。冶炼周期长，炉料下降速度慢，反之则快。

高炉喷煤后，由于大量的煤粉在风口内气化燃烧，使炉缸煤气量增加，鼓风动能增加，燃烧带扩大。另外，煤气中含 H_2 含量大幅增加。同时料柱中焦炭比例降低，炉料重量增加，有利于炉料下降，改变了铁氧化物还原和碳气化反应条件，明显地有利于间接还原的发展和直接还原度的降低。喷煤后单位生铁的炉料容积减少，使炉料在炉内停留时间增加。喷吹煤粉对冶炼周期的影响，可由下式计算：

$$t = \frac{24V}{\xi\left(\dfrac{1}{\gamma_k} + \dfrac{M}{\gamma_0}\right) i_\Sigma V_u\ (1-n)} \tag{6-11}$$

式中 t——冶炼周期，h；

V——从料线到风口中心线水平的高炉工作容积，m^3；

V_u——高炉有效容积，m^3；

γ_0，γ_k——分别为焦炭和矿石的体积密度，t/m^3；

M——矿石负荷，矿/焦重量比；

i_Σ——综合冶炼强度（煤+焦），$t/(m^3 \cdot d)$；

ξ——炉料压缩系数；

n——高炉喷煤率，吨铁煤量/吨铁燃料 ×100%。

6.2.2.2 煤粉在炉内的有效利用

煤粉在炉内的有效利用如图 6-6 所示。

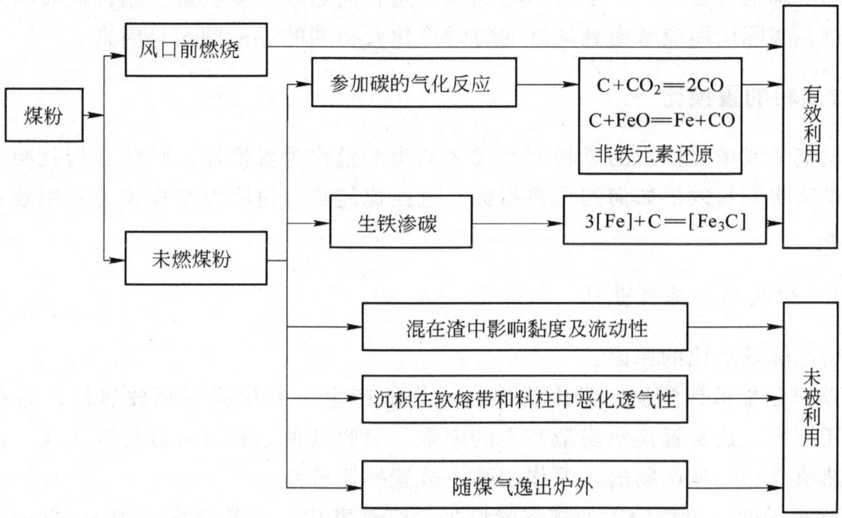

图 6-6 煤粉在炉内的利用情况

由图 6-6 可以看出，煤粉喷入高炉后的去向。煤粉在炉内参加风口前燃烧，未燃烧的煤粉参加碳的气化反应和铁水渗碳，这两部分为有效利用。而混入渣中和随着煤气逸出炉外的则是未被利用部分。一般混入渣中而排出炉外的几乎很少，可不考虑。故可从炉顶煤气除尘灰和煤气除尘泥中的含量多少来了解煤粉在炉内的有效利用率的高低。

6.2.3 喷吹煤粉后的高炉调剂

根据喷吹煤粉后出现的冶炼特点，高炉冶炼应采取适当的调剂措施。

6.2.3.1 高炉内上、下部调剂气流的分布

高炉内上、下部调剂的主导思想是抑制中心气流的发展，适当疏松边缘。由于高炉喷煤后普遍出现中心气流发展，因此，上部调剂常用措施有：扩大矿石批重；增加倒装比例；适当提高料线以抑制中心气流的发展。若中心过分发展可能会引起料面中心漏斗过深出现反常，这时增加倒装比例可能反而使中心更加发展，边缘更加加重，这时常用下部调剂气流。

下部调剂常用措施是扩大风口直径，缩短风口长度以降低鼓风动能，抑制中心气流发展。增加富氧，提高炉顶压力对抑制中心气流发展也极为有利。

6.2.3.2　喷煤量调剂炉温

高炉操作可用调剂风温、湿度和喷煤量来控制炉温。使用调剂风温、湿度以控制炉温的方法虽然方便，但不经济。通常在喷吹高炉上，采取固定风温和降低湿度，用调剂喷吹量的方法来调剂炉温是最合适的，因此也正为许多高炉所接受。

调剂喷煤量一方面改变了焦炭负荷，从而达到提高或降低炉温的目的，另一方面则相当于改变风量的大小。这是因为，在风量不变的情况下，增加喷煤量时，由于喷吹煤粉中的碳燃烧消耗了风口区的一部分氧，使与焦炭燃烧的氧减少，从而焦炭的燃烧量减少，下料速度降低，炉温升高，反之，减少喷吹量，炉温则下降。

用喷吹量调剂炉温需具备两个条件：一是计量准确，方便操作；二是操作者应掌握本高炉的热滞后时间。调剂方法是：炉子向凉增加喷吹量，向热减少喷吹量，用调剂喷吹量保持料速的恒定。不过，实际应用应考虑到炉缸的暂时冷化及初期的过量调剂等因素。

6.2.4　喷吹煤粉的置换比

喷吹单位重量或单位体积的燃料所能代替的焦炭量称为置换比。喷吹煤粉就叫煤粉的置换比。它是衡量喷吹燃料效果如何的重要指标，置换比越高，说明喷吹煤粉的利用效果越好，降低的焦比越多。

6.2.4.1　喷吹煤粉降低焦比

喷吹煤粉能降低焦比的原因：

（1）喷吹煤粉能取代焦炭，是因为煤粉燃烧能产生一氧化碳和释放热量，为高炉冶炼提供发热剂和还原剂。这是置换焦炭最基本的因素。喷吹其他燃料也可以代替焦炭，由于重油没有灰分，发热值高，气体产物的还原作用强，故置换比较高。

（2）喷吹煤粉时，单位生铁的煤气量增加，煤气富化，尤其是煤气中 H_2 量增加，改善了间接还原，使得直接还原度降低，焦比降低，更有利于冶炼。由于喷吹重油中的挥发分比煤粉高，没有灰分，因此喷吹重油比喷吹煤粉置换比高。

（3）喷吹煤粉时，冶炼产生的渣量减少，故可降低焦比。

（4）喷吹煤粉时，由于喷吹物在炉缸冷化作用，因此，允许用提高热风温度来补偿热量，使风口前炭燃烧所得有效热量增加，从而可降低焦比。

由以上分析可看出：置换比既与喷吹燃料的种类、数量、质量以及物理状态（如煤粉粒度、重油的雾化度等）有关，也受冶炼条件（如风温水平、富氧率等）和喷吹制度的制约。据统计喷吹燃料的置换比是：煤粉为 0.7～1.1kg/kg；重油为 1.0～1.35kg/kg。

6.2.4.2　喷吹煤粉置换比的计算

计算喷吹煤粉置换比的方法有三类，简要介绍如下：

（1）实际对比计算法：

$$B = \frac{K - K' \pm \Sigma_{\Delta K}}{M} \tag{6-12}$$

式中　B——置换比；

K——做对比用的基准期焦比，kg/t；

K'——喷煤期焦比，kg/t；

$\Sigma_{\Delta K}$——其他因素对焦比的影响，kg/t；

M——每吨铁的喷煤量，kg。

这种计算方法需要一个与稳定的冶炼条件相似的不喷煤的基准期。

（2）经验计算法：

$$B = 1.48 \sim 0.66\left(\frac{A_{煤}}{A_{焦}}\right) \quad (6-13)$$

式中 $A_{煤}$——喷吹煤粉的灰分，%；

$A_{焦}$——焦炭的灰分，%。

这是美国阿姆科钢铁公司在喷吹低灰分（4.3%～9.8%）、高挥发分烟煤时的经验公式。

（3）理论计算法：

$$B = \frac{C_{煤} + C_{H_2} - C_{煤灰} - C_{分}}{C_{焦} - C_{焦灰}} \quad (6-14)$$

式中 $C_{煤}$——煤粉含碳量，%；

$C_{焦}$——焦炭含碳量，%；

C_{H_2}——煤粉中的氢在炉内所代替的碳量，%；

$C_{煤灰}$——煤粉灰分造渣所消耗的碳量，%；

$C_{分}$——煤粉分解和加热至1500℃所需消耗的碳量，%；

$C_{焦灰}$——焦炭灰分造渣所消耗的碳量，%。

这种计算方法的原理是以碳平衡为基础，它的优点是不需找基准期。

例6-3 已知某高炉喷煤末期实际平均焦比540kg/t，喷煤期实际平均焦比490kg/t，其他因素使焦比升高总和为38kg/t，高炉喷煤为110kg/t，求实际煤焦置换比。

解：按公式

$$R（实际置换比）=\frac{540-490+38}{110}=0.8$$

答：实际煤焦置换比为0.8。

6.2.4.3 影响煤粉置换比的因素

影响喷煤置换比的因素主要有：煤的质量、煤的燃烧好坏、气化程度、高炉操作、风温、富氧、高炉压力、高炉直接还原度等。

（1）喷吹煤粉中的碳和氢可代替焦炭中的碳，含碳、氢高的煤粉置换比高，煤中灰分低置换比高。

（2）煤粉在风口前燃烧充分，气化程度好，置换比高，如煤粉在风口区气化产生大量烟碳，不仅产生的热量和还原性气体减少，还可能恶化炉况，影响喷吹效果，置换比降低。

（3）鼓风参数如风温、富氧鼓风、炉顶压力都影响置换比。

（4）煤气内 η_{CO}、η_{H_2}值高置换比高。

（5）炉料焦炭质量好置换比高，且可扩大喷吹量。

6.2.4.4 提高喷吹煤粉置换比的措施

决定煤粉置换比高低的主要因素是煤的质量与煤粉在炉内的燃烧利用情况，煤粉质量越好并且在炉内的燃烧越完全和迅速，煤粉的置换比就越高。提高喷吹煤粉置换比的措施主要有以下几点：

（1）煤粉含灰分要低。一般希望其灰分不高于焦炭灰分。经验表明，煤粉灰分降低1%，置换比可提高1.4%～1.5%。

（2）煤粉含硫量要低。一般要求其含硫量不高于焦炭含硫量。这是因为煤粉含硫量高会造成硫负荷增加，必须相应增加炉渣碱度与渣量，从而多消耗热量，使焦比增大。

（3）煤粉粒度要细。煤粉越细，单位煤粉的表面积越大，碳与氧的反应越快，反应所需时间越短，喷煤量则越大，置换比就越高。

（4）要有足够的空气过剩系数。煤粉燃烧必须有足够的氧气才可以完全燃烧，一般要求空气过剩系数在1.0以上。提高空气过剩系数，可多喷煤，使置换比提高。

（5）要保持一定的理论燃烧温度。在一定范围内，随理论燃烧温度的提高置换比相应提高，当理论燃烧温度低于某界限值时，由于煤的热补偿不足，影响炉缸煤气与渣铁间的正常热交换，置换比会大幅度下降。提高风温和富氧可促进风口前煤粉燃烧，提高理论燃烧温度，进而可提高置换比。

（6）高炉操作，防止边缘过分发展。边缘过分发展，会降低煤气能量的利用，使风口前燃烧带未完全燃烧的煤粉随煤气流带出炉外，降低了置换比。

6.2.5　高炉喷吹烟煤与喷吹无烟煤的比较

高炉喷吹烟煤与无烟煤的相同点和不同点是：

（1）烟煤成煤期短，含挥发分高，着火点低，易于燃烧。含挥发分愈高，其热分解和燃烧速度也愈快。研究表明，易于燃烧则易于高炉接受，同样条件可扩大喷吹量。

（2）烟煤含氢高于无烟煤，一般要高出1个百分点，从还原剂上讲1kg氢可代替6kg碳，且氢在高温区可代替碳直接还原，其吸热量比碳小70%。

（3）烟煤挥发分高，分解吸热高于无烟煤，更有利于使用高风温和富氧。

（4）烟煤储量大于无烟煤且分布较广，易于购得，我国更是如此，因此喷吹烟煤有利于合理利用自然资源。

（5）烟煤一般可磨性较无烟煤好，易于降低磨煤电耗，节约能源。

（6）烟煤一般含碳较低并且由于烟煤易于自燃、着火、爆炸，必须有可靠的安全措施。无烟煤相反，易于应用且安全性高。烟煤喷吹设施投资高于无烟煤。

6.3　高炉富氧喷煤

6.3.1　富氧鼓风对高炉冶炼的影响

高炉富氧鼓风是指往高炉鼓风中加入工业氧（一般含氧99.5%），使鼓风中的含氧超过大气中的含氧量。

高炉使用富氧鼓风可以加速碳燃烧，在燃料比不变的情况下使产量增加。但富氧鼓风使进入高炉的风量减少，带入高炉的热量也减少，因此，高炉鼓风中的富氧率也受到一定限制。高炉鼓风富氧率由下式计算：

$$\text{鼓风含氧} = \text{大气中含氧} + \text{富氧率} \tag{6-15}$$

$$\text{富氧率} = \frac{\text{富氧量}}{\text{风量} + \text{富氧量}} \tag{6-16}$$

式中，鼓风含氧和富氧率用%表示；大气中含氧一般取21%。

富氧量和风量用 m^3/min 表示，或以吨铁所用的风量和吨铁的耗氧量为单位计算。

高炉富氧鼓风的目的是：提高冶炼强度；增加产量；强化喷吹燃料在风口前燃烧。

富氧鼓风的加氧方式有三种：

（1）将氧气厂送来的高压氧经减压后，加入冷风管道，经热风炉预热后再送入高炉。

（2）低压制氧机的氧气（或低纯度氧气）送到鼓风机吸入口混合，经风机加压后送至高炉。

（3）利用氧煤枪或氧煤燃烧器，将氧直接加入高炉风口。

富氧鼓风对高炉冶炼的影响主要是：

（1）提高了冶炼强度。由于风中含氧量增加，因而每吨生铁所需风量减少。若保持入炉风量（包括富氧量）不变，冶炼强度可以提高。

（2）有利于高炉顺行。富氧后，因带入氮减少，所以单位生铁的煤气量减少，富氧鼓风并固定风量时，压差降低，利于顺行。

（3）提高了理论燃烧温度。从理论燃烧温度计算式可知，富氧后虽然风量减少使鼓风带入热量减少，但煤气量也相应减少，故能提高理论燃烧温度。

（4）增加了煤气中 CO 的含量，有利于间接还原。富氧鼓风改变了煤气中 CO 和 N_2 的比例，CO 升高，有利于间接还原的发展。当富氧鼓风与喷吹燃料相结合时，炉缸煤气中 CO 与 H_2 增加，对间接还原更有利。

（5）降低了炉顶煤气温度。富氧后单位生铁煤气量减少，上部热交换区扩大，炉顶煤气温度降低。高温区集中在高炉下部，这使高炉竖向温度场发生变化。这个影响与喷吹燃料的影响相反，因而富氧鼓风与喷吹燃料相结合可优势互补。

6.3.2 高炉富氧喷煤的冶炼特征

富氧鼓风使 $t_{理}$ 升高，鼓风焓变小，煤气量减少，高温区下移，炉顶温度降低，冶炼行程加快，炉料在炉内停留时间缩短；而喷吹煤粉则使 $t_{理}$ 降低，鼓风焓增大，煤气量增加，中心气流发展炉缸温度均匀，高中温区扩大，炉顶温度升高，焦比降低，料柱矿焦比例增大，炉料在炉内停留时间增长。可见富氧和喷煤对高炉冶炼过程大部分参数的影响是相反的，两者相结合可扬长避短，更好地发挥高炉效率。富氧和喷煤对高炉冶炼的影响见表 6－4。

表 6－4 单独富氧、喷煤、高风温对高炉冶炼的影响

影响参数 \ 措施	喷煤	富氧	高风温
碳燃烧		加快	加快
理论燃烧温度	降低	升高	升高
热量收入	略有减少	减少	不变
燃烧 1kg 碳鼓风的耗量	不变	减少	不变
燃烧 1kg 碳产生的煤气量	增加	减少	不变
温度场分布：高温区		下移	下移
中温区		扩大	扩大
炉顶温度	升高	降低	降低
间接还原发展	发展	基本不变	r_d 略有升高
气体力学因素	变坏	变好	变坏
焦比	降低	基本不变	降低
产量	基本不变	升高	升高

高炉富氧喷煤后的冶炼特征是：

（1）增加焦炭燃烧强度，大幅度增产。

（2）促使喷入炉缸的煤粉气化燃烧，以及不降低理论燃烧温度而扩大喷煤量，从而进一步降低焦比。

（3）两者有机结合可改善高炉顺行。

6.3.3　高炉富氧喷煤的操作

6.3.3.1　富氧喷煤的操作特点

随着鼓风含氧量和喷吹煤粉量的增加，高炉冶炼行程诸如炉料和煤气流分布，炉内温度场的变化以及还原与热交换过程均发生明显变化，因此，必须正确掌握富氧喷煤特征和调节规律及时采取适宜的调节方法以控制炉况稳定顺行，实现最佳生产指标。主要操作特点有以下几方面：

（1）维持适宜的理论燃烧温度。高富氧喷煤时，如理论燃烧温度过低，将使煤粉燃烧不完全，引起炉料加热和还原不足而导致炉凉；如理论燃烧温度过高，将导致炉况不顺。

随着鼓风含氧量提高，满足正常冶炼所需的理论燃烧温度也逐渐升高。除增加喷煤量需要维持较高的燃烧温度外，还因为吨铁煤气量减少后必须相应提高炉缸煤气温度，增加吨铁煤气的焓，以满足炉料加热和还原所需的热量。

（2）运用上下部调节手段控制合理煤气流分布。高炉富氧鼓风，由于氮量减少，氧浓度增加，单位生铁煤气体积减少，如风口面积不变鼓风动能变小，则会造成边缘气流发展，中心堆积。高炉喷煤后，由于煤粉挥发分远高于焦炭这些易燃物质在风口前迅速分解，生成煤气，使煤气体积增加。喷煤越多，烟煤比例越高，煤气体积越大，则会造成边缘加重，中心过分发展。而富氧并增大喷煤量，使焦炭负荷料柱透气性变差。高炉富氧喷煤要正确处理好上述参数的关系，关键控制合适的鼓风速度或鼓风动能。

富氧喷煤后，由于喷煤量不断增加，代替的焦炭也越来越多。造成料柱透气性变坏，尤其要注意中心气流的放开，有中心加焦条件的高炉应采取中心加焦，进一步以低富氧达到高喷煤比。应保持料柱中的不变而调整矿石量，操作中尽量采用大批料，正分装以减少矿焦界面效应。

高富氧大喷煤后，除应用中心加焦打开中心外，还应注意保持适当的边缘气流。

（3）维持一定的氧过剩系数。为使煤粉在风口前燃烧完全，需控制一定的氧气过剩系数。在一定冶炼条件下，氧过剩系数与煤粉喷吹量、喷枪数量有关。煤粉喷吹量一定时，喷吹风口（即喷枪）过多，则造成氧过剩系数过高。所以增加喷煤风口数量是实现大喷煤量、改善煤粉燃烧、提高煤焦置换比的重要措施。

喷吹煤粉的氧过剩系数不宜低于1.15。全部风口均匀喷煤不仅能使氧过剩系数提高，而且能使各风口的理论燃烧温度接近，炉缸工作均匀，利于扩大喷吹量，提高燃烧率。

（4）提高煤粉燃烧率。煤粉燃烧率与鼓风含氧浓度、氧过剩系数、煤粉品种、煤粉粒度、鼓风温度、喷枪形式位置等有关。

富氧提高鼓风含氧浓度，加速煤粉燃烧，提高燃烧率。随鼓风含氧量提高虽喷煤比增加，回旋区内煤粉燃烧率也明显提高。在回旋区距风口端400mm处，普通鼓风时，煤粉燃烧率最高不超过70%，而富氧鼓风后其燃烧率迅速增加到80%以上，其中部分已达到90%。尽管单枪喷煤量有所增加，而燃烧率达到最高点的位置一般随风中氧量的升高向风口端迁移。

（5）改善料柱的透气性。一切改善料柱透气性的措施如精料、高压、矿层中加焦丁等，都对提高富氧率、增大喷煤量和改善富氧喷煤效果有利，及时出净渣、铁也是改善下部透气透液性的重要措施。

6.3.3.2　富氧喷煤操作时炉温的控制和调剂

高炉冶炼的基本操作制度即使完全合理，但由于各种因素的影响，炉况也会经常出现不同程度的波动。它明显地反映在炉缸平衡被破坏，引起炉温波动上。

炉温的变化，必然导致煤气温度、体积及其分布的变化，引起下料速度及矿石的加热和还原的变化。这些变化反过来又引起炉缸温度和热量更大的变化，如不及时纠正，势必造成恶性循环，导致炉况的严重失常。因此，操作者必须准确地判断炉况，熟练地掌握各种调剂手段，尤其是下部调节手段如风量、风温、湿分、富氧量、喷吹煤粉的数量和特征，及时而正确地加以运用，既能迅速纠正高炉失常行程，又能避免再次引起炉况波动，经常地保持高炉稳定顺行。

喷吹的煤粉在炉缸燃烧放出热量，因此，调整喷吹量也可以纠正炉温的波动，其纠正幅度，取决于喷吹煤粉的含水、含灰、发热值、碳氢比率及煤气中 H_2 的利用程度。

实践还证明：喷煤纠正炉温波动的效能，随喷煤量的增加而减弱，因为，随着喷吹量的增加，喷吹物的热能利用率降低，与焦炭的置换比一样，随着喷吹量的提高而递减（见表6－5）。富氧起到煤粉强化燃烧作用，可提高煤粉纠正炉温波动的效能。

表6－5　喷吹燃料与置换比

喷吹燃料量/$kg \cdot t^{-1}$		20	40	60	80	100
置换比	重　油	1.35	1.25	1.15	1.10	1.0
	煤　粉	0.90	0.85	0.80	0.75	0.70

用喷吹煤粉量调剂时，因煤加热和气化吸热，燃烧时引起煤气体积的变化，故不如风温和湿分调剂灵敏。如炉凉加煤，不能立即制止凉势。加煤过多可能引起暂时更凉。同时煤气量增加，对顺行不利。反之，炉热减煤，不能立即制止热势。

前面介绍的热滞后现象及计算方法也是喷煤操作者要掌握的。热滞后时间还与高炉容积大小，煤中 H_2 含量，高炉冶炼强化程度及沿高度上的热分布等有关，凡引起高温区上移的因素都使滞后时间延长。

喷吹煤粉在炉内燃烧，消耗鼓风中的氧，因此，调节喷吹量时，影响炉料下降速度，增加喷吹量料速减慢，减少喷吹量料速加快。同时配有富氧影响程度将更为明显，加氧料速加快，反之则降低，因此，富氧喷煤时的调剂尤其要严格地掌握。扩大喷煤量的操作，主要要搞好热制度，即负荷的调整，应当分步实施，如将原来80kg/t的喷煤比提高到120kg/t水平，可每次增加煤量10kg/t，分台阶逐步增加，而且每个台阶需稳定几个冶炼周期或1～2天，再上新台阶增加喷煤量。每次增加喷煤热量换算可比照风温调剂的方法，或先变料加重焦炭负荷，一般变料2～3h后或视冶炼周期－滞后时间，将煤粉喷吹量逐步往上加，若是炉温基础较低的情况，也可在提高风温的同时逐步增加喷煤量。

大喷吹量操作时，炉温水平一般控制高一些，以应付外界条件突然变化，给炉温带来的影响。减少或停止喷吹煤粉的负荷调整要及时，大量减少或停止喷吹时，均应补加焦炭，补加焦炭的数量除与置换比有关外，还要考虑当时的煤气利用率，料速以及停止喷吹时间长短：

$$补加焦炭量=减少喷吹燃料量\times置换比\times加焦率$$

停止喷吹时间超过冶炼周期，应按全焦冶炼处理。小于冶炼周期时补焦量可以参考表6-6。

表6-6　停止喷吹的时间和加焦率

停止喷吹时间/h	加焦率/%	停止喷吹时间/h	加焦率/%
1~4	50~70	4~6	60~90

6.3.3.3　富氧喷煤高炉操作中的故障及处理

A　富氧喷煤高炉连续崩料和悬料的处理

对于连续崩料的处理办法应参照下列程序迅速处理：

（1）迅速停氧，减少或停止喷煤，进一步减风消除崩料，上部集中加净焦和补足不能喷煤影响的热量；

（2）如还不能控制崩料，则继续减风到风口不来渣为止，并迅速组织出净渣铁，休风堵住数个风口；

（3）复风后风逐渐恢复，待炉况恢复，集中加空焦到达炉缸，炉缸热量充足，能正常出净渣铁，然后逐步打开风口，转入正常生产。

对此种炉况，要注意必须果断处理，不要顾及小方面，如果连续崩料得不到迅速处理，造成风口直吹管烧穿或炉缸冻结，将造成更大的损失。

富氧喷煤操作遇到悬料，其操作方法也是停氧、减停煤、减风（注意这时料有可能自动塌下，造成灌渣或风口烧穿），迅速出净渣铁，按正常生产处理悬料方法减风、休风坐料或倒流休风坐料。同时，要补足热量。

B　富氧喷煤遇到炉子大凉时的处理

处理此种炉况，首先仍应当先停氧，减煤实现慢风操作，减轻负荷，在上部补加焦炭，并及时出净渣铁，增加出铁与放渣的次数，如要恢复得快，必须休风堵上数个风口，用少量风口送风操作，待炉缸热量充足时再逐步打开被堵的风口，将留在炉缸周围的凉渣铁熔化逐渐排出，这种炉况尤应防止涌渣，烧穿风口和直吹管，造成大面积灌渣，进而发展成炉缸冻结。

C　突然停煤、停氧的处理

（1）停煤的处理。首先停止富氧，其次从停煤开始的那批料加1~2批净焦，并变料，变料即保持停煤前的综合焦比不变，为防止停煤后煤气流分布发生变化，引起变料下达后炉凉，变料中应适当减轻负荷，增加综合焦比。再其次是停煤1~2h后开始适当减风操作，等候停煤时炉内上部重负荷炉料的下达，轻负荷尚未到达的那段炉料，减风幅度视当时的炉温基础而定。

（2）停氧处理。突然停氧处理易于停煤处理，因富氧不增加高炉的热量，因此停氧影响热量小，只是影响风口前煤粉燃烧和下料速度，因此，突然停氧后，风量不需减少，可适当减少煤量并减轻焦炭负荷。如果是富氧率较高时，一般都维持炉缸煤气量一定的操作，此时可允许再加点风量，减煤的幅度变小，再逐步调整。

复习思考题

6-1　炉缸燃烧反应在高炉冶炼中有什么作用？

6-2 试述理论燃烧温度的定义及表达式。
6-3 影响理论燃烧温度的因素有哪些?
6-4 什么叫燃烧带，燃烧带的大小对高炉冶炼有什么影响?
6-5 试说明高炉喷煤后的冶炼特点。
6-6 高炉喷煤对冶炼周期有何影响?
6-7 什么叫喷吹煤粉的置换比?
6-8 影响煤粉置换比的因素有哪些?
6-9 提高煤粉置换比的措施有哪些?
6-10 喷吹烟煤与喷吹无烟煤有什么不同?
6-11 高炉富氧鼓风的目的是什么?
6-12 简述富氧鼓风对高炉冶炼的影响。
6-13 简述高炉富氧喷煤的冶炼特征。
6-14 高炉富氧喷煤的操作特点是什么?
6-15 高炉富氧喷煤的操作中有哪些故障，如何处理?

7 高炉喷吹煤粉系统的计量与监测

7.1 高炉喷煤系统常用的计控仪表

在高炉喷吹煤粉的制备、输送和喷吹系统中常用的计控仪表，是指在系统和控制过程中，不需要做很大改动，就能实现测量、控制各种自然量功能的各种仪表。这些仪表主要包括：常规温度和压力仪表系列，部分常规流量、重量仪表系列和料位仪表系列等。

控制仪表的结构由传感变送器、隔离器件和运算、显示、调节控制仪表或计算机系统组成。

高炉喷煤系统要求仪表必须具备静电隔离和防爆功能，特别是与工况直接接触的传感变送仪表器件。

温度测量传感器的选用，依照温度区间不同，采用的形式也不同，见表7-1。

表7-1 高炉喷煤系统测温方式

喷煤应用温度范围/℃	温度传感器种类	典型应用场所举例
-30 ~ +300	热电阻或铜-康铜热电偶	煤粉仓、喷煤罐等贮煤系统、输粉系统
-30 ~ +800	镍铬-考铜热电偶	煤粉仓、喷煤罐等贮煤系统、输粉系统
0 ~ 1300	镍铬-镍硅热电偶	烟气风机、球磨机出入口等
0 ~ 1600	铂铑-铂热电偶	燃烧炉等
0 ~ 1800	双铂铑热电偶	燃烧炉等
0 ~ 2300	光学测温	高炉风口等

在气体介质及含有极少量粉尘、不能造成粉尘沉积堵塞管路的气固两相流体介质的压力测量中，可使用气体引出式压力变送器。在含有高粉尘浓度的气固两相流的压力测量中，必须使用膜盒式或直测式压力变送器，以防止粉尘堵塞，保证测量精度。对高炉煤粉系统的气体流量测量，大都采用节流式流量计测量方式。

7.2 高炉喷煤系统中的特殊计控仪表

高炉喷吹系统中的特殊计控仪表是指在煤粉的测量和控制过程中，工艺上有特殊要求，而不能使用常规测量和控制手段的部分仪表。

这些仪表主要包括：用于制粉系统、煤粉贮存系统气氛检控的氧浓度分析仪表、一氧化碳分析仪表，用于煤粉喷吹、输送管网系统的粉煤质量流量计，用于喷吹系统的重量连续计量装置等。

对高炉喷吹系统中的特殊计控仪表的要求是：（1）气体成分分析仪表在含粉尘浓度高、接近或达到饱和湿度的多项流介质的工况下，能正常工作；（2）煤粉质量流量计运行在煤质、成分、水分等诸多条件不断变化的不稳定气固两项流介质工况下，能正常工作；（3）喷吹系统的重量连续计量装置，在高炉连续喷吹的工艺条件下，能不间断地测量罐内实际煤粉量。

总之，所有这些仪表都必须具备在线连续工作，具有防爆、防静电、防结露、抗干扰、响应速度快、测量精度高等功能。

7.3 制粉过程中常用的氧气分析仪表

煤粉在制备过程中，氧浓度的控制对系统的安全防爆十分重要。为了控制系统气氛含氧实现连续惰化，需在负压系统运行氧浓度最高的出口处设置氧浓度测定装置，对全系统的运行工况在线监测。

常用的测氧仪有 QY－01A 型抽气式氧化锆定氧仪、1100A 型磁氧分析仪和 4G 磁压力氧气分析仪。由于磁压力氧气分析仪的测量范围宽（0% ～100%），测量精度高（可达 0.01%），所以被广泛应用。

7.4 高炉喷吹煤粉的制备、输送和喷吹系统中一氧化碳的监测

在高炉喷吹煤粉的制备、输送和喷吹系统中，监测一氧化碳浓度的目的是检测系统内部是否局部过热或产生自燃、隐燃等异常火源，为系统安全运行提供信息。因此，为了安全起见，应在煤粉贮存、沉积和可能停留等地方，设置一氧化碳监测装置，作为热源探测装置。目前，国内外在煤粉的制备、贮存、输送和喷吹系统安装一氧化碳监测装置的地方，主要有中间罐、喷煤罐、粗细粉分离器、布袋收粉器等处。

一氧化碳的允许范围及报警限度，根据系统工艺形式、所用载气不同而不同。国内外有许多报道，其值相差较大，但百分含量通常都在 10^{-6} ～ 10^{-3} 数量级。

7.5 高炉喷吹煤粉流量的测量

高炉喷吹煤粉是一种气力输送过程，在流体力学范围内属于气固两相流动，由于流动的非连续性，造成了瞬时流量的波动。

测量高炉喷吹煤粉流量的意义主要是：

（1）随着掌握总体喷吹煤粉水平和各风口喷吹煤粉的情况，了解高炉各风口工作状态。高炉工艺要求喷吹到高炉风口的煤粉流股稳定，各风口喷吹煤粉量均匀。从总体上看，喷吹煤粉的多少直接影响高炉的炉温走向，随着喷吹煤粉的增加，高炉将向热发展，但并不总是一成不变的，在高炉炉缸热贮备较低时，陡然把喷吹煤粉量提得很高，则可能造成燃烧不完全，恶化料柱透气性，使高炉难行。各个风口喷吹的均匀程度也十分重要，各个风口间喷吹量差异过大，可能导致高炉圆周方向炉况不够均匀，长期下去也可能造成高炉失常等。

（2）为控制总喷吹煤粉量和各风口的喷吹量提供信号。管流量信号是总体流量控制的反馈信号，用于各风口均匀控制及氧/煤比优化控制。

高炉喷吹煤粉常见的煤粉流量测量形式主要有：①采用孔板、文氏管和收缩管等方式节流的差压法；②利用固体惯性、冲击等方式的力学法；③利用流动造声的统计法；④静电法；⑤超声法；⑥射线法；⑦热量法；⑧光学法等。管道中煤粉流量检测，技术上有一定的难度，存在如阻力件磨损、介质阻塞等一系列问题。上述测量方法多数仍在进一步改进和完善，目前最常见的有阻损压差法、电容浓度法和相关测速法三种。

复习思考题

7－1 高炉喷煤常用的计控仪表有哪些，对它们有什么要求？

7－2　高炉喷煤系统中有哪些特殊计控仪表，对它们有什么要求？

7－3　高炉喷煤系统为什么要监测一氧化碳，在哪些地方监测？

7－4　高炉喷吹煤粉为什么要测量流量？

7－5　常用的煤粉测量形式有哪些？

7－6　高炉喷吹煤粉系统自动控制的内容有哪些，实现自动控制用什么方式？

8　高炉喷煤的防火防爆、工业卫生及安全

8.1　煤粉爆炸的条件

与喷吹烟煤相比，喷吹无烟煤比较安全。但由于烟煤的贮量大，制粉的成本低，而且烟煤中挥发分含量高，在风口区燃烧的热效率高，因此，宜向喷吹烟煤或烟煤和无烟煤混合喷吹方向发展。喷吹烟煤的关键是防止煤粉爆炸。导致烟煤产生爆炸的基本条件是：

（1）具备一定的含氧量。煤粉在容器内燃烧后体积膨胀，压力升高，其压力超过容器的抗压能力时容器爆炸。容器内氧浓度越高，越有利于煤粉燃烧，爆炸力越大。控制含氧量即可控制助燃条件，即控制煤粉爆炸的条件。因此，喷吹煤粉时，必须严格控制气氛中的含氧量。至于含氧量控制在什么范围才安全，目前有两种意见，一种认为控制在15%以下；另一种则认为控制在10%以下。因为煤粉爆炸气氛的条件，还与烟煤本身的特性——挥发分的多少、煤粉粒度组成及混合浓度的高低等因素有关，故只能针对特定的煤种，在模拟实际生产的条件下进行试验，来确定该煤粉的临界含氧量。实际生产可取临界含氧量的0.8倍作为安全含氧量。

（2）一定的煤粉悬浮浓度。试验证明，煤粉在气体中的悬浮浓度达到一个适宜值时，才可能发生爆炸，高于或低于此值时，均无爆炸可能。发生爆炸的适宜浓度值随着烟煤的成分组成、煤粉粒度组成以及气体含氧量的不同而改变，这些数值需要由试验得出。由于实际生产的情况错综复杂，煤粉的悬浮浓度一般无法控制，因此，要消除这一爆炸条件是极为困难的。

（3）煤粉温度达到着火点。烟煤煤粉沉积后逐步氧化、升温以及外来火源都是引爆条件，彻底消除火源，即可排除爆炸的可能性。

实际生产中，应该采取一系列必要措施，防止煤粉爆炸的发生。

8.2　高炉喷吹烟煤的安全措施

防止烟煤爆炸的措施有：

（1）控制系统气氛。磨煤机所需的干燥气一般多采用热风炉烟道废气与燃烧炉热烟气的混合气体。为了控制干燥气的含氧量，必须及时调节废气量和燃烧炉的燃烧状况，减少兑入冷风量，防止制粉系统漏风，严格控制系统的含氧量在8%～10%范围内。在球磨机干燥气入口管、气式脉冲袋式收粉器出口管处，应分别设置氧含量和一氧化碳含量的检测装置，并且在达到上限时报警，同时系统各处消防充氮阀自动打开，向系统充入氮气。布袋收粉器的脉冲气源一般采用氮气，氮气用量应能够根据需要进行调节。在布袋箱体密封不严的情况下，若氮气压力偏低，则空气被吸入箱体内会提高氧的含量；反之，氮气外逸也可能使人窒息。喷吹罐补气气源、充压、流化气源采用氮气，喷吹煤粉的载气使用空气。实际生产中应重视混合器、喷吹管、分配器及喷枪的畅通。否则，喷吹用载气会经喷嘴倒灌入罐内，使喷吹罐内的氧含量增加。在处理煤粉堵塞和磨煤机满煤故障时，必须使用氮气，严禁使用压缩空气。

（2）设计时要避免死角，防止积粉。入煤粉仓锥形部分倾角应大于70°，或设计为双曲线形煤粉仓。在煤粉仓、中间罐、喷吹罐下部设流化装置。

（3）综合喷吹。可以采用烟煤和无烟煤混合喷吹技术，这样可以降低煤粉中挥发分的含量。各种煤的配比，应根据煤种和煤质特性经过试验而确定。若制粉和喷吹工艺条件允许，可

在煤粉中加入高炉冶炼所需要的其他粉料，如铁矿粉、石灰石粉、焦粉和炼钢炉尘等，加入这些粉料，对烟煤爆炸起着极为明显的抑制作用。

（4）控制煤粉温度。严格控制磨煤机入口干燥气温度不超过 250～290℃，其出口温度不超过 90℃。在其他各关键部位，如收粉装置煤粉斗、煤粉仓、中间罐、喷吹罐等都设有温度检测装置。当各点温度达到上限时报警，同时系统各处消防充氮阀自动打开，向系统充入氮气。

（5）设备和管道采用防静电措施。管道、阀门及软连接处设防静电接地线，布袋选用防静电滤袋。

（6）喷煤管道设自动切断阀。当喷吹压力低时，可自动切断阀门，停止喷煤。另外，喷煤系统还应设置消防水泵站和消防水管路系统。各层平台均应有消防器材和火灾报警装置。

8.3 高炉喷煤系统气氛的惰化

高炉喷煤系统需要气氛惰化的部位有制粉系统、喷吹罐组、煤粉收集系统、输送煤粉管道和喷煤管道等。

对各系统的含氧要求是：①要求制粉系统主排风机出口含氧浓度小于 12%（体积分数）。②要求喷吹罐组（喷煤罐和贮煤罐）气氛的含氧浓度不大于 8%。③要求布袋箱中气氛的含氧浓度应控制在小于 12%。④输煤和喷煤管道中，悬浮浓度和火源很难控制，只有氧气浓度可以控制。因此，要求输煤和喷煤管道中气氛的含氧浓度小于 12%。

8.4 受压容器的安全管理

高炉喷煤系统使用的压力容器有煤粉仓、贮煤罐、喷吹罐等。

8.4.1 压力容器的使用

（1）对压力容器的使用要求是：

1）喷吹系统使用的压力容器必须执有制造单位提供的相关资料：①竣工图样（如在蓝图上修改，则必须有修改人、技术审核人确认标记）；②产品质量证明书；③压力容器产品安全质量监督检验证书。

2）压力容器受压元件的制造单位，应参照产品质量证明书的有关内容，向用户提供质量证明书。

3）现场组焊的压力容器的质量验收，应有当地劳动部门锅炉压力容器安全监察机构的代表参加。

现场组焊的压力容器竣工并经验收后，施工单位除按本条规定提供上述技术文件和资料外，还应按有关规定，将组焊和质量检验的技术资料，提供给用户。

（2）对压力容器的设计要求是：要求受压容器应设置安全阀、爆破片、压力表、液面计和测温仪表，应符合《压力容器安全技术监察规程》的规定，同时还应符合相应标准的规定。

8.4.2 压力容器的维护检查

压力容器的使用单位，必须安排压力容器的定期检验工作，并将压力容器年度检验计划报主管部门和当地劳动部门锅炉压力容器安全监察机构。主管部门负责落实，劳动部门锅炉压力容器安全监察机构负责监督检查。

对压力容器的定期检验。进行内外部检验时，应符合下列条件：

（1）必须将内部介质排除干净，用盲板隔断所有液体、气体或蒸汽的来源，设置明显的隔离标志。

（2）具有易燃、助燃、毒性或窒息性介质的，必须进行置换、中和、消毒、清洗，并取样分析，分析结果应达到有关规范、标准的规定。取样分析的间隔时间，应在使用单位的有关制度中作出具体规定。

入孔和检查孔打开后，必须注意清除所有可能滞留的易燃、有毒、有害气体。

压力容器内部空间的气体含氧量应在18%～23%（体积分数）之间。必要时，还应配备通风、安全救护等设施。具有易燃介质的，严禁用空气置换。

（3）能够转动的或其中有可动部件的压力容器，应锁住开关，固定牢靠。

（4）需要进行检验的表面，特别是腐蚀部位和可能产生裂纹性缺陷部位，应彻底清扫干净。

（5）检验用灯具和工具的电源电压，应符合《安全电压》（GB 3805）的规定。

（6）内部检验时，应有专人监护，并有可靠的联络措施。

压力容器检验的一般程序见图8－1。

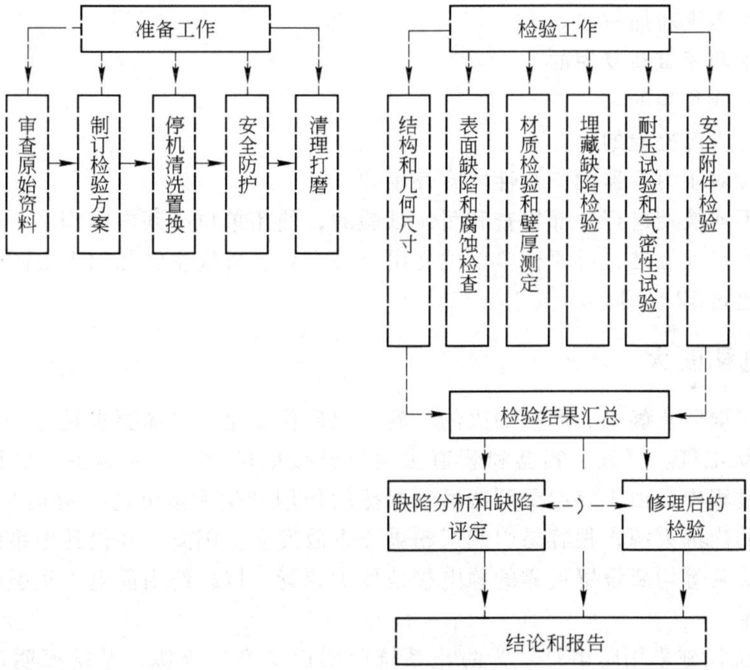

图8－1　压力容器检验的一般程序

定期检验分为以下几种：

（1）外部检查：是指专业人员在压力容器运行中的定期检查，每年至少一次。

（2）内部检验：是指专业检验人员在压力容器停机时的检验，其期限分为：安全状况等级分为1～3级的，每隔6天至少检验一次；安全状况等级分为3～4级的，每隔3天至少检验一次。

（3）耐压试验：是指压力容器停机时，所进行的超过最高工作压力的液压试验或气压试验，其周期为每10年至少做一次试验。

关于外部检查和内部检验内容及安全状况等级的规定，详见《在用压力容器检验规程》。

有下列情况之一的压力容器，内、外部检验期限应予以适当缩短：

（1）介质对压力容器材料的腐蚀情况不明。

（2）材料的焊接性能差，在制造时曾多次返修的。

（3）首次检验的。

（4）使用条件差，管理水平低的。

（5）使用期限超过15年，经技术鉴定，确认不能按正常周期使用的。

（6）检验人员认为应该缩短的。

有下列情况之一的压力容器，内、外部检验期限可以适当延长：

（1）非金属衬里层完好的，但其检验周期不应超过9年；

（2）介质对压力容器材料的腐蚀小或有可靠的耐腐蚀金属衬里的压力容器，通过1～2次内、外部检验确认符合原来要求的，但其检验周期不应超过10年。

有下列情况之一的压力容器，内、外部检验合格后必须进行耐压试验：

（1）用焊接方法修理或更换主要耐压元件的。

（2）改变使用条件且超过原设计参数的。

（3）更换衬里再重新加衬的。

（4）重新使用两年重新复用的。

（5）新安装的或移装的。

（6）无法进行内部检验的。

（7）使用单位对压力容器的安全性能有怀疑的。

因情况特殊不能按期进行外部检查和耐压试验的，使用单位必须申明理由，提前3个月申报，经单位技术负责人批准，由原检验单位提出处理意见，省级主管部门审查同意后，方可延长，但一般不应超过12个月。

8.5　防止静电和明火

喷吹系统要采取防止静电和严禁明火的措施，以确保安全。具体要求是：

（1）喷吹系统电气、仪表、容器和管道法兰要设接地保护。煤粉制备、煤粉输送和煤粉喷吹系统的生产过程中，由于煤粉受到碰撞和摩擦的作用产生大量电荷（静电），此种静电就是煤粉自燃着火的内部火源，很容易引起煤粉爆炸事故发生。因此，在设计中系统的电气、仪表、容器和管道法兰等均要设置可靠的静电接地保护装置，以杜绝由静电聚集引起的煤粉燃烧和爆炸事故的发生。

（2）照明系统设施采用防爆灯。为防止系统照明设施产生火源，系统照明设计要选用防爆灯。防爆灯之所以能防爆，是由于防爆灯在结构上设置有防护栅，它能使环境中的可燃尘（或可燃气体）与之隔绝，因此，就消除了普通电灯产生火源的根源。另外，每盏防爆灯都采用接零保护，且其开关也采用防爆型。这样，从几个方面避免了电灯产生明火导致煤粉尘爆炸的危险。

（3）各种仪表采用防爆型仪表。因为煤粉制备、煤粉输送和煤粉喷吹系统，特别是烟煤粉的制备、输送、喷吹系统，其粉尘极易自燃着火甚至发生爆炸。为防止系统中采用的仪表产生火源，在设计中应选用防爆型仪表。防爆型仪表之所以防爆，原理同防爆灯。

（4）系统动火的规定：

1）动火前应办理相关手续。烟煤粉制备、输送、喷吹系统的各生产环节需要进行检修、更换设备而动火（电焊）时，应履行的手续是：将需要动火的内容、时间、计划确定好，到本厂安全保卫部门办好动火手续，把灭火器材摆到动火现场适宜的位置；现场要具备良好的消防通道；要事先设计好动火施工的程序，充分做好动火前的准备工作。

2）动火应采取的安全措施。制订动火方案和采取安全措施的目的，是为了避免动火过程中发生火灾或爆炸事故，因此，要事先做好动火前的准备工作，确定先施工什么后施工什么，应采取的安全措施有哪些，以保证人身、设备的安全。

喷煤系统安装防爆装置：

（1）球磨机系统安装防爆装置的部位在靠近磨煤机进出颈管的管道上。

（2）中速磨煤机（机壳内装有离心式粗粉分离器）系统，在设备顶盖上至少装设两个防爆膜，以排放内壳里的爆炸气体；在粗粉分离器的外壳上，也至少装设两个防爆膜。

（3）与磨煤机分开的粗粉分离器上，至少装设两个排放内壳里的爆炸气体的防爆膜和两个排放外壳里的爆炸气体的防爆膜。

（4）在细粉分离器的中间短管上装设一个或两个防爆膜，而在分离器顶盖上至少装设两个防爆膜。

（5）在细粉分离器进口和出口的输粉管道上各装一个防爆膜。

（6）在主排烟风机的煤粉管道上装设一个防爆膜。

（7）在煤粉仓顶盖上，根据其容积的大小装设一个或几个防爆膜。

（8）布袋收粉器箱体、布袋收粉器进出短管上均应设防爆膜。

（9）输送煤粉的压力容器，如仓式泵、喷煤系统的喷煤罐和贮煤罐（压力容器）均应装设定压防爆膜。

8.6 工业卫生

系统环境卫生标准如表 8－1 所示。

表 8－1 工业环境卫生标准

工业卫生项目	标准级别	卫生标准	贯彻标准
烟（粉）尘排放浓度	一	100mg/m^3	《工业“三废”排放试行标准》（GB 16297—1996）
	二	150mg/m^3	
	三	200mg/m^3	
二氧化硫	一	禁　排	《大气污染物综合排放标准》（GB 16297—1996）
	二	2000mg/m^3	
	三	2860mg/m^3	
岗位粉尘浓度		≤10mg/m^3	《工业企业设计卫生标准》（GBZ1—2010）
工作环境噪声		≤85dB	《工业企业噪声卫生标准》
工作环境含氧浓度		≥19.5%	低于此值应采取通风等措施
工业废水排放	执行《钢铁工业水污染物排放标准》（GB 13456—1992）		

8.7 各岗位的安全提示

8.7.1 天车岗位作业安全提示

（1）天车工上岗前穿戴好劳动保护用品。

（2）开车前认真检查机电设备和安全装置，要保证灵活、好用，严禁带病作业。

（3）启动天车时先响铃。

（4）按照额定荷重操作，禁止超负荷运行。禁止超限位，禁止将吊运物长时间悬空停留，禁止吊物在人上部越过。

（5）天车运行时严禁有人在开车平台上逗留。

（6）天车运行时如遇突然停电，必须将开关手柄打至零位；起吊物未放下，不准离开操作台。

（7）天车停止工作后，抓斗停在安全地点，抓斗内不得有存煤，并可靠切断电源。

（8）天车工属特殊工种，必须经考试合格后持操作证方可操作。

（9）如有两部天车同时运行时，应互相观察，保持安全距离，避免两车相撞。

（10）点动操作、大车、小车行走和卷扬不能同时启动。

（11）天车运行中未停稳车时，禁止反向开车。

（12）行车时转盘、把杆、吊具的制动器必须到位，在靠近两端时应减速，严禁冲撞阻挡器。

（13）严格执行天车操作的“十不吊”。

（14）设备润滑执行“五定”要求，漏油采用接油盒回收。

8.7.2　储运岗位作业安全提示

（1）上岗前穿戴好劳动保护用品。

（2）开车前检查场地有无不安全因素，设备是否良好，安全防护设备是否完好。

（3）本岗位人员不在，他人禁开设备。

（4）响铃后方可启动皮带。

（5）禁止在运行期间检查，禁止接触转动部分，禁止跨越皮带。

（6）清扫皮带或检修时必须切断电源，执行挂牌制、确认制。

（7）开车前，详细检查设备，皮带不跑偏，设备不刮皮带。托辊完整，润滑良好，无杂音。

（8）机电设备完好，溜槽不黏结，不外漏煤。

（9）如向多个系统供煤，应先确认供煤系统。并及时将翻板翻至正确位置。

（10）多煤种配煤，应先确认上煤种类及配比。

（11）运行中出现异常现象，如出现堵塞或机电设备故障时，必须停车处理；紧急事故可拉机旁的事故开关紧急停车。

（12）设备润滑执行“五定”要求。

（13）一般情况下，禁止带负荷停车和开车。停车后清理除铁器上的铁物，检查皮带有无损伤。

8.7.3　磨煤机岗位作业安全提示

（1）上岗前穿戴好劳保用品。

（2）磨煤机运行时，禁止从其下面通过。

（3）进入磨煤机内工作必须通知相关岗位，切断电源，关严氮气阀门，有效隔绝燃烧炉烟气，测定机内含氧量高于18%。人孔旁设专人监护，必要时采取强制通风措施。照明使用安全电源。

（4）定期进行润滑油的加注和更换。

（5）磨煤机在启动前，必须详细检查机械、电器、液压、润滑系统是否具备运转条件。

（6）机电设备检修时，必须严格执行挂牌制度、确认制、联保制。

（7）冷却水断流、堵塞，润滑油及液压油大量泄漏或润滑油进水，必须停车处理。

（8）每班检查润滑系统、液压系统和密封风机系统是否正常，磨机本体、减速机和主电动机有无异常声响，各地脚螺丝是否松动。

（9）每周进行一次磨煤机的定检，磨煤机内部设备情况。

8.7.4 干燥炉岗位作业安全提示

（1）上岗前劳保用品穿戴齐全。

（2）干燥炉属三类煤气区，在该区域禁止逗留，确认无煤气外逸方可工作。

（3）烧炉时，必须先点燃焦炉煤气或天然气，引火后方可开高炉煤气，点火时人员避开火嘴正面。

（4）炉内熄火需重新点燃，必须先将烟囱打开 15～20min，将炉内煤气抽净后，方可重新点火。

（5）观察炉内火焰时间小于 3s。

（6）检修煤气系统设备，相连接的设备必须将阀门关闭并插好盲板。

（7）高炉煤气压力不得低于 2kPa（200mm 水柱），否则不得点火。

（8）严禁在炉膛墙高温时用风强制冷却炉膛。禁止用水冲洗炉墙，发现有明显裂缝应及时处理。

（9）每班检查引风机、电动机、轴承座和固定螺栓是否松动，振动是否过大，运转是否正常。

（10）每班检查煤气管道、设备设施是否有煤气泄漏。

（11）定期进行煤气脱水和水封补水。

（12）燃烧炉各仪表准确、灵敏，各阀门动作灵活。

（13）定期对阀门执行机构等进行润滑油更换。

8.7.5 制粉岗位作业安全提示

（1）上岗前穿戴好劳动保护用品，严格执行技术操作规程。

（2）开车前必须详细检查机械、电器、液压、润滑系统是否具备运转条件。

（3）制粉系统运行前及结束时，要与各岗位取得联系。

（4）机电设备检修时，必须严格执行挂牌制度。

（5）制粉系统在运行中，严禁动火。如需动火作业，必须严格按照动火审批程序操作，清扫残余煤粉后方可进行。

（6）制粉系统在运行中，严格控制系统各点的温度和含氧量在规定的安全范围内。出现误差及时处理，若温度与其他参数发生矛盾，以控制温度为主。

（7）进入系统内部或容器内检修、检查时，可靠切断电源，关闭联接管道阀门，测定煤气和氧气含量合格后方可工作；人孔旁设专人监护，必要时采取强制通风措施；照明使用安全电源。

（8）掌握现场氮气和射线的危害及预防方法，禁止使用氮气吹扫灰尘及身体或做它用。

（9）定期对阀门执行机构等进行润滑油更换。

8.7.6 喷煤岗位作业安全提示

（1）上岗前劳保用品穿戴齐全。

（2）掌握现场氮气和射线危害的预防方法。

（3）喷吹输送系统检修动火时，执行有关动火规定，清扫残余煤粉后方可进行。

（4）在容器内检修时，先关闭连接管道阀门，测试氧气含量合格后方可进入；人孔旁设专人监护，必要时采取强制通风措施。

（5）机电设备检修时，必须严格执行挂牌制度。

（6）停喷时间超过8h，应将罐仓内煤粉放空；因故剩粉时，须设专人监测温度，控制在80℃以下。

（7）设备接地线，防静电接地线定期检查和维护，每月一次。

（8）每班检查管道、阀门、连接胶管等易泄漏部位，每班两次，发现漏气、漏风、漏油、漏煤粉和皮管连接问题，由本岗位人员处理，否则通知维修工处理。

（9）岗位人员禁止使用氮气吹扫灰尘及身体或做它用。

（10）任何人不得私接氮气管道，防止事故的发生。

（11）按岗位工作标准操作，一旦喷煤管道发生堵塞，立即倒换备用管道喷煤；排堵采用布袋收尘，并送至煤场。

复习思考题

8－1 烟煤爆炸的基本条件是什么？

8－2 高炉喷吹防止烟煤爆炸的措施有哪些？

8－3 压力容器的定期检验分哪几种？

8－4 受压容器应设置哪些安全装置？

8－5 为什么照明设施要采用防爆灯？

8－6 为什么各种仪表要采用防爆型仪表？

8－7 喷煤系统的哪些部位需要安装防爆装置？

附　录

附录1　职业技能鉴定理论考试试题

附录1－1　煤粉工初级工试题

一、判断题（正确的请在括号内打“√”，错误的请在括号内打“×”，每题1分，共30分）

1. 煤粉在喷煤管内不发生沉降的速度称为悬浮速度。（　）
2. 煤粉筛R70相当于英制170网目。（　）
3. 正常情况下，喷吹系统各罐和煤粉仓内煤粉存放时间不许超过4小时。（　）
4. 制粉系统采用热风炉烟气惰化，要求烟风机出口含氧浓度低于8%。（　）
5. 置换比是指喷吹的燃料与高炉总燃料的比例。（　）
6. 中速磨机磨煤的缺点之一是对煤的适应性差。（　）
7. 爆破膜爆破压力高于最高工作压力的1.2倍。（　）
8. 并列式喷吹罐不能连续运行，设备利用率不高。（　）
9. 布袋的反吹气一般都采用压缩空气。（　）
10. 煤粉粒度的控制最有效、最简单、最经济的方法是调节风量。（　）
11. 煤粉气力输送的本质是气体与固体煤粉混合的两相流动。（　）
12. 煤粉越细在喷吹管道中越不易堵塞。（　）
13. 煤粉制备收集系统，收粉器过滤布袋可以采用任何材质的滤料。（　）
14. 煤粉中含水2%以上，煤粉在管道中就无法输送。（　）
15. 煤粉贮存时间长就会使温度降低，而引起煤粉流动性差。（　）
16. 煤气燃烧的条件是着火点。（　）
17. 煤中不能燃烧的矿物质称为煤的灰分。（　）
18. 磨煤机进口风量越大，出口温度越高。（　）
19. 浓相输送一般是指固气比超过40的气力输送。（　）
20. 喷吹煤粉由于煤气能量在炉内利用改善，炉顶煤气温度降低了。（　）
21. 高炉煤气中的CO是一种化学性窒息气体，煤气中毒是因CO作用而中毒。（　）
22. 高炉喷煤后，煤气中含H_2量将增加。（　）
23. 高炉所用的烧结矿均为高碱度烧结矿。（　）
24. 高炉冶炼时，矿石中金属元素和氧元素的化学分离属氧化过程。（　）
25. 根据成煤物质和成煤条件不同，人们把煤分为腐植煤、残植煤、腐泥煤三大类。（　）
26. 焦炭的挥发分是随着碳化程度增加而减少的。（　）
27. 混合干燥气是90%～95%的热风炉烟气和5%～10%的燃烧炉烟气组成。（　）
28. 仓式泵内温度要求不超过100℃。（　）
29. 氮气管道的色标为黑色。（　）
30. 堆放较久的煤，温度超过60～65℃，不需采取降温倒堆措施。（　）

二、选择题（请将正确答案的代号填入括号内，每题 1 分，共 30 分）

1. 富氧喷煤最明显的一个特点，就是炉缸（ ），风口回旋区工作活跃。
A. 温度不变　　B. 温度升高　　C. 温度降低
2. 干燥气系统燃烧炉环境温度气氛中，正常 CO 含量不允许高于（ ）mg/m^3。
A. 30　　B. 50　　C. 45
3. 高炉操作者通常要用（ ）的方法来进行热制度的调节。
A. 调节氧浓度　　B. 调节喷煤量　　C. 调节风温
4. 高炉喷吹煤粉后，炉料的冶炼周期将（ ）。
A. 延长　　B. 不变　　C. 缩短
5. 高炉实现大喷吹的主要条件是（ ）。
A. 精料　　B. 提高风温　　C. 提高富氧率
6. 根据《工业“三废”排放试行标准》，粉尘排放浓度应低于（ ）。
A. $50mg/m^3$　　B. $100mg/m^3$　　C. $150mg/m^3$
7. 管径在（ ）mm 以下的煤气管道着火，可立即关闭开闭器灭火。
A. 100　　B. 200　　C. 300
8. 380V 送电程序应是先合（ ）开关。
A. 空气　　B. 动力　　C. 空气、动力
9. 边缘煤气流过分发展时，炉顶温度的温度带（ ）。
A. 变窄　　B. 变宽　　C. 无变化
10. 采取高冶炼强度操作时，保持高炉顺行应（ ）。
A. 发展中心气流　　B. 发展边缘气流　　C. 保持两条煤气通路
11. 仓式泵用气充压，补压和流化要求其含氧浓度低于（ ）。
A. 6%　　B. 8%　　C. 12%
12. 当检修煤气管道或进入烟气炉、球磨机内检修时，应倒盲板并用（ ）吹扫。
A. 压缩空气　　B. 氮气　　C. 蒸汽
13. 制粉系统中中速磨入料粒度要求（ ）。
A. <30mm　　B. <40mm　　C. <50mm
14. 喷煤动火现场应准备消火栓和（ ）。
A. 气体灭火器　　B. 干粉灭火器　　C. 液体灭火器
15. 喷煤系统耗电量最高的设备是（ ）。
A. 磨煤机　　B. 煤粉风机　　C. 一次引风机
16. 球磨机冷却用水为（ ）。
A. 高炉循环水　　B. 非净化水　　C. 净化水
17. 燃烧炉烘炉操作中最低把炉膛温度烘到（ ）后，烘炉完毕。
A. 200℃　　B. 600℃　　C. 1000℃
18. 润滑磨煤机轴瓦常用（ ）油。
A. 40 号　　B. 50 号　　C. 70 号
19. 输煤管道堵塞首先在（ ）出现。
A. 中端　　B. 前端　　C. 末端

20. 锁气器开关不到位的危害一般有（　　）种。
A. 2　B. 3　C. 4
21. 碳的气化反应大量进行的温度界限是（　　）。
A. 200～300℃　B. 800～900℃　C. >1100℃
22. 将二硫化钼作为添加剂，加入润滑脂中可以增强润滑脂（　　）的性能。
A. 防水　B. 稳定　C. 抗磨
23. 空料线停炉时，打水管的安装位置应设在（　　）。
A. 小料斗上面　B. 大料斗内　C. 炉喉取样孔
24. 煤的灰分 A 越低越好，一般要求 A（　　）。
A. <10%　B. <15%　C. <20%
25. 煤的氧化是（　　）。
A. 吸热反应　B. 放热反应　C. 聚合反应
26. 储煤场的储煤量应能保证正常使用（　　）天。
A. 7～15　B. 10～20　C. 15～30
27. 煤样最大粒度小于25mm，需取煤样重（　　）。
A. 100kg　B. 60kg　C. 15kg
28. 磨机负荷过重的处理方法是（　　）。
A. 减煤　B. 减风　C. 加风
29. 磨制烟煤时，磨煤机的出口温度一般控制在（　　）℃。
A. 70　B. 80　C. 90
30. 为了防止煤粉结露，要求煤粉的温度控制在（　　）。
A. 60～70℃　B. 65～75℃　C. 70～80℃

三、计算题（每题5分，共10分）

1. 某高炉一天产铁1800t，喷吹的煤粉总量是102t，求该高炉一天的煤比是多少？
2. 已知高炉喷吹煤粉总量96.32t，总的燃料消耗量为344t，求喷煤率？

四、名词解释（每题2分，共10分）

1. 什么叫煤气爆炸？
2. 什么叫高炉富氧鼓风？
3. 什么是高炉喷吹煤粉？
4. 什么是煤的着火温度？
5. 什么是煤的发热量？

五、综合题（每题5分，共20分）

1. 高炉喷吹煤粉中煤粉制备的任务是什么？
2. 简述煤粉输送到高炉的必要条件。
3. 可燃粉尘爆炸的必要条件有哪些？
4. 高炉提高燃料喷吹量及其效果，应采取什么措施？

附录 1 – 2　煤粉工中级工试题

一、判断题（每题 1 分，共 20 分）

1. 氮气管道不准敷设在通行地沟内，以防氮气泄漏时酿成窒息事故。（　）

2. 高炉喷煤对煤粉性能的要求是：灰分、硫分低，燃烧性能好，可磨性好，发热值高。（　）

3. 根据标准，粉尘排放浓度应低于 150mg/m³。（　）

4. 工作环境含氧浓度按规定应大于 20%，工作环境噪声低于 85dB。（　）

5. 国家规定车间空气中的 CO 含量的卫生标准最高允许含量为 30mg/m³，相当于体积含量的 0.024%。（　）

6. 焦比和置换比的变化只与煤粉燃烧率有关。（　）

7. 进入高炉中的硫只来自焦炭和喷吹燃料。（　）

8. 控制火源是防止煤粉爆炸的关键，火源只有外来火源一种。（　）

9. 浓相输送应该比稀相喷吹高两倍以上，即喷吹煤粉浓度在 40kg/m³ 以上。（　）

10. 煤粉的含水量达到 3% 以上时煤粉在管道中就无法输送。（　）

11. 煤粉的流动性越好，其安息角越小。（　）

12. 煤气设备送煤气时必须经爆炸试验，连续三次合格，方允许动火。（　）

13. 喷吹系统各罐和煤粉仓内煤粉存放时间不允许超过 4 小时。（　）

14. 喷煤罐装煤至少要保持罐内有 0.5kPa 的压力。（　）

15. 批重越大，料层越厚，料柱的层数减少，界面效应减少，利于改善料柱透气性，所以压差有所降低。（　）

16. 所谓电路，就是把电源、用电器、开关用导线连接起来组成的电流的路径。（　）

17. 为制粉配备的热烟气炉是所有工业炉窑中最复杂的一种。（　）

18. 星形回转排尘阀不具有锁气作用，因而不能代替锁气器使用。（　）

19. 烟煤与无烟煤混合喷吹可以改进单一煤中的燃烧性能，改善喷吹效果。（　）

20. 一般情况下，煤的流动性越好，煤的堆密度越大。（　）

二、选择题（每题 1 分，共 20 分）

1. 中速磨煤机断煤的征兆是（　）。

　A. 出口温度自然上升　B. 进出口压差增大　C. 系统吸力上升

2. 喷入高炉内的煤粉可以代替焦炭提供（　）和还原剂作用。

　A. 骨架　B. 热量　C. 渗碳　D. 煤气

3. 燃烧炉烘炉操作中，最终把炉膛温度烘到（　）才烘炉完毕。

　A. 200℃　B. 600℃　C. 800℃　D. 1000℃

4. 提高风温 200℃ 和提高富氧率（　），对增加喷煤量的效果是相同的。

　A. 1% ~2%　B. 2% ~3%　C. 3% ~4%

5. 我国高炉有效容积计算的是（　）。

　A. 料线零位至铁口中心线之间的容积

　B. 炉喉、炉身、炉腰、炉腹、炉缸、死铁层容积之和

　C. 炉喉上沿至炉缸底面之间的容积

D. 从炉喉上沿到风口中心线之间的容积

6. 压缩空气压力应大于高炉热风压力（　　）。

A. 0.1MPa　B. 0.15MPa　C. 0.35MPa　D. 0.5MPa

7. 正常生产时压缩空气压力大于高炉热风压力（　　），氮气压力高于压缩空气压力。

A. 0.05MPa　B. 0.10MPa　C. 0.15MPa

8. 直径小于100mm的煤气管道的着火处理为（　　）。

A. 直接关闭煤气阀灭火　B. 采用1211灭火器灭火

C. 用水灭火

9. 中速磨常见的堵塞故障多发生在中速磨的（　　）。

A. 给煤区　B. 排放门　C. 碾磨区

10. 采取高冶炼强度操作时，保持高炉顺行应（　　）。

A. 发展中心气流　B. 发展边缘气流

C. 造成两条煤气通路　D. 气流分布平衡

11. 氮气作业场所的氧含量低于（　　）时，人员不得进入。

A. 16%　B. 18%　C. 20%

12. 试车时，中速磨推力瓦温度不应超过（　　）。

A. 50℃　B. 60℃　C. 65℃　D. 70℃

13. 多台皮带机运行时，停机的顺序是（　　）。

A. 由前到后　B. 由后到前　C. 一起停

14. 煤粉仓和煤粉罐内对烟煤温度规定要求不超过（　　）。

A. 60℃　B. 70℃　C. 80℃

15. 高炉炉缸的煤气流在上升过程中，成分逐渐变化，温度（　　）。

A. 不断升高　B. 不断降低　C. 不变

16. 高炉煤气与空气中的氧气混合是高炉煤气燃烧的（　　）。

A. 原因　B. 前提　C. 基础　D. 条件

17. 高炉喷煤分配器压力应比高炉热风压力高（　　）。

A. 0.025MPa　B. 0.05MPa　C. 0.5MPa

18. 将长方体向正面进行投影，在正面上得到的视图称为（　　）。

A. 主视图　B. 俯视图　C. 左视图

19. 将二硫化钼作为添加剂加入润滑脂中可以增强润滑脂的（　　）性能。

A. 防水　B. 稳定　C. 抗磨

20. 炼钢生铁硅含量不高于0.85%，硫含量（　　）为一类炼钢生铁。

A. ≤0.01%　B. ≤0.02%　C. ≤0.03%

三、填空题（每题1分，共20分）

1. 原煤中杂物越多，磨煤机产量＿＿＿＿＿＿＿＿＿＿。

2. 在长距离输送煤粉过程中，由于气体体积膨胀，压力损失增大，为减少这种倾向，采用逐渐＿＿＿＿＿＿＿＿＿＿来解决。

3. 罐组之间常用的两种钟阀是＿＿＿＿＿＿＿＿＿＿和摆动式钟阀。

4. 焊割前要清除动火部位周围的可燃物，如不能清除时，应采取安全可靠的＿＿＿＿＿＿＿＿＿＿措施加以保护。

5. 炼铁所用的原料包括铁矿石、____________、燃料及其他辅助原料等。

6. 煤粉管道输送流速要根据煤粉的____________及悬浮速度来确定。

7. 煤粉粒度增大，爆炸性减弱，这是因为粒度增大，____________减小的缘故。

8. 煤粉水分一般规定不大于1%，最高不超过____________。

9. 煤气毒性大小，取决于煤气中____________含量的多少。

10. 磨煤机断煤危害之一是系统温度升高很快，易____________布袋。

11. 磨煤机满煤时，其出口负压____________。

12. 燃烧炉点炉点不着或灭火时，要立即关闭____________和空气阀。

13. 热风管道内砌砖不仅起耐磨作用，同时还可以防止操作失常时由于____________过高而引起管道变形。

14. 停机备用的空压机，每隔 8 天应启动一次，每次运转时间不少于____________小时。

15. 高炉对煤粉水分指标要求为小于____________。

16. 中速磨煤机磨制单位重量煤粉的电耗比球磨机____________。

17. 以大气压作零标准表示的压力称为____________。

18. 发现油箱着火应该用____________进行灭火。

19. 高炉煤气燃烧的条件是____________。

20. 高炉煤气压力降到____________Pa 以下时，应立即停止燃烧炉燃烧。

四、计算题（每题 5 分，共 10 分）

1. 已知某高炉有效容积 $350m^3$，高炉利用系数为 3.5，该高炉喷煤量每小时 6t，计算该高炉喷煤比？

2. 已知制粉抽风机最大处理风量 $Q = 125388m^3/h$，布袋箱共有 24 个仓室，每个仓室 3 排布袋，每排布袋 16 条，布袋规格为长 6m、直径 0.12m。计算布袋过滤风速为多少？（保留小数点后两位）

五、综合题（每题 5 分，共 30 分）

1. 球磨机由哪些部分组成？

2. 常压倒罐要注意哪些问题（指串罐式）？

3. 分析影响生铁含硫因素。

4. 影响喷煤置换比的因素主要有哪几方面？

5. 检修充氮设备、管道时，首先应做什么工作？

6. 喷吹烟煤时，制粉系统哪些部位要设置充氮装置？

附录1－3 煤粉工高级工试题

一、判断题（每题1分，共20分）

1. 表压力不是绝对压力。（ ）
2. 粗粉分离器的作用是收集合格煤粉。（ ）
3. 对于触电人假死，要立即送附近医院抢救或抬到空气新鲜的地方进行观察。（ ）
4. 富氧鼓风既可提高炉缸理论燃烧温度，又能减少炉缸煤气生成量。（ ）
5. 富氧结合喷吹，二者相辅相成，是高炉获得稳产、高产、大幅度降低焦比的有效途径之 。（ ）
6. 高炉煤气中惰性气体含量较高，因此用高炉煤气的燃烧产物做干燥气，主要有利于惰化制粉系统气氛。（ ）
7. 高炉喷吹的煤粉，由于本身是冷料，燃烧时分解要吸热，消耗一部分热量，同时煤气量增加，因此，喷煤后理论燃烧温度要下降。（ ）
8. 根据我国国情，高炉喷吹煤种首先应考虑炼焦煤和烟煤。（ ）
9. 脉冲袋式收粉器三要素是指脉冲时间、喷吹压力和喷吹周期。（ ）
10. 煤粉的粒度用风量来调节便于操作，见效快，是最理想的调节方法。（ ）
11. 煤粉在有限空间中，浓度越高，其爆炸性就越强。（ ）
12. 煤气管道脱水的作用只是为了保证管道畅通，正常输气。（ ）
13. 浓相输煤消耗输送介质量少，可减轻管道磨损。（ ）
14. 喷吹系统负荷试车成功标志为正常连续喷煤24h。（ ）
15. 批重越大，料层越厚，料柱的层数减少，界面效应减少，利于改善料柱透气性，所以压差有所降低。（ ）
16. 轻度煤气中毒表现为头痛、头晕、呕吐、全身无力。（ ）
17. 球磨机电动机电流低时，只需加补钢球，不需吐球筛选，这样可使大小球搭配提高制粉能力。（ ）
18. 天车各个机构均不能启动的原因是供电线路无电源。（ ）
19. 天车正常运行时，禁止使用紧急开关、限位开关、打倒车等手段停车，为防止发生事故而须紧急停车时例外。（ ）
20. 烟煤粉中含碳量越高，其爆炸性越强。（ ）

二、选择题（每题1分，共20分）

1. 在煤气区域工作，CO浓度在（ ）mg/m^3时，连续工作不得超过1小时。
   A. 50　　B. 100　　C. 150
2. 燃烧炉炉膛温度一般保持在（ ）℃。
   A. 700～800　　B. 800～900　　C. 900～1000
3. 下列属于按煤的形状划分的喷煤工艺为（ ）。
   A. 烟煤喷吹　　B. 配煤喷吹　　C. 粉煤喷吹　　D. 直接喷吹
4. 压力容器上的爆破片应是（ ）。
   A. 定期更换　　B. 一年更换　　C. 坏了再换
5. 中速磨煤机与球磨机磨煤过程中产生的噪声相比是（ ）。

A. 大　　B. 无多大差别　　C. 小

6. 爆破膜的爆破压力应高于容器操作压力并留有一定富余量，但必须略低于容器的(　　)。

A. 设计压力　　B. 最高工作压力　　C. 最大允许工作压力

7. 被广泛采用的氧煤枪的内管走（　　）。

A. 氧气　　B. 煤粉　　C. 空气　　D. 氧煤混合物

8. 布袋除尘器温度超规定处理不当的是（　　）。

A. 充 N_2　　B. 立即停机　　C. 降低磨煤机出口温度　D. 检查仪表

9. 布袋收粉器的布袋应用（　　）材质制造。

A. 耐磨　　B. 耐火　　C. 防静电

10. 高炉煤气的爆炸范围是（　　）。

A. 25% ~40%　　B. 30% ~60%　　C. 40% ~70%　　D. 50% ~80%

11. 高炉内衬的破坏经分析认为主要原因是（　　）。

A. 热力作用　　B. 化学作用　　C. 物理作用　　D. 操作因素

12. 根据受热部分不承重、承重不受热的原则，目前大、中型高炉钢结构多采用（　　）。

A. 炉缸支柱式　　B. 框架式　　C. 炉缸、炉身支柱式　D. 自立式

13. 控制喷吹煤粉的温度的原因是（　　）。

A. 防止布袋“挂肠”B. 防止煤粉自燃　　C. 防止堵管道　　D. 防止煤粉结露

14. 炼铁工作者通常用生铁中的含（　　）量来表示温度。

A. [S]　　B. [P]　　C. [Si]　　D. [Fe]

15. 煤粉爆炸至少需同时满足（　　）个条件。

A. 1　　B. 2　　C. 3　　D. 4

16. 每组滤袋轮换反吹一次所用的时间称为（　　）。

A. 反吹时间　　B. 清灰时间　　C. 反吹周期

17. 喷吹罐正常工作时，喷吹介质的压力应该是（　　）。

A. 高于热风压力 0.05MPa　　B. 高于热风压力 0.15MPa

C. 等于热风压力

18. 喷枪头附近结焦的主要原因是（　　）。

A. 喷吹煤种结焦性好　　B. 风温低

C. 风速低

19. 喷入高炉内的煤粉可以代替焦炭提供（　　）和还原剂作用。

A. 骨架　　B. 热量　　C. 渗碳　　D. 煤气

20. 输煤管道堵塞的特征是输煤管道压力（　　）。

A. 为零　　B. 很高　　C. 很低　　D. 无影响

三、填空题（每题 1 分，共 20 分）

1. 在喷煤管道内不发生沉降的最低速度称为______________。

2. 制粉系统设置氧气含量监测的部位是______________。

3. 压力容器操作的三要素是温度、______________和介质。

4. 烟煤挥发分高，分解吸热______________无烟煤，有利于使用高风温和富氧。

5. 烟气炉炉膛温度是通过调节燃烧煤气量和______________开度来实现的。

6. 在磨煤机入口管道上设置氧浓度分析仪的目的，是控制磨煤机入口________________的氧浓度。

7. 炼铁所用的原料包括铁矿石、________________、燃料及其他辅助原料等。

8. 浓相输送所需载气量________________，在同样喷吹量的条件下是稀相输送所需气量的10% ~25%。

9. 喷吹煤粉浓度高于________________kg粉/kg气，才能认可为浓相。

10. 喷煤罐的出粉方式有________________与多管路喷吹两种形式。

11. 喷煤量提高后，焦炭负荷应________________。

12. 强度不好的矿石，在炉内容易产生________________，降低料柱的透气性，对高炉顺行不利。

13. 锁气器是依靠煤粉自身的重力作用而开启，待煤粉通过后，又借助于重锤和杠杆机构使其________________。

14. 铁氧化物的还原速度取决于扩散速度和________________。

15. 产生煤气的________________带是炉缸内温度最高的区域。

16. 干燥炉煤气压力降到________________kPa以下，应立即停止燃烧。

17. 干燥炉煤气压力突然降低，应迅速________________煤气使用量。

18. 高炉流化喷吹控制煤量的方法是________________。

19. 高炉喷煤后，炉缸煤气量________________，炉缸中心气流更为充足，进而改变了高炉初始气流的分布。

20. 高炉冶炼过程发生在上升的煤气和下降的炉料之间，________________影响着煤气与炉料之间的相对运动和煤气流的分布，从而决定着煤气的热能和化学能在炉内利用的好坏。

四、计算题（每题5分，共10分）

1. 已知高炉喷吹煤粉总量为96.32t，总的燃料消耗量为344t，求喷煤率？

2. 某喷吹站两个系列喷吹周期均是80min，喷吹罐倒罐装粉量均是12t。由于高炉炉温向热，变更两个系列喷吹周期均为100min。计算变更5h后减少的喷吹量是多少？

五、综合题（每题5分，共30分）

1. 煤气爆炸的必备条件是什么？

2. 烟煤与无烟煤如何区分？

3. 排渣箱内石子煤较多主要出现在哪几种情况下？

4. 为什么要定期检查更换防爆膜？

5. 中速磨制粉有什么特点？

6. 与多管路喷吹相比，单管路喷吹有何特点？

附录2　实际操作技能鉴定试题

附录2-1　实际操作技能鉴定试题（1）

1. 准备通知单：

劳保穿戴齐全，班组工具齐全。

2. 试题：

<table>
<tr><th>考核项目</th><th colspan="2">考核内容</th><th>考核要求</th><th>配分</th><th>评分标准</th><th>扣分</th><th>得分</th></tr>
<tr><td rowspan="7">主要项目</td><td colspan="2">1. 储运状态确认及工序间配合</td><td>确认皮带机设备状态，天车运行正常</td><td>5</td><td>误确认一项扣1分</td><td></td><td></td></tr>
<tr><td rowspan="3">2. 皮带机供煤操作</td><td>（1）开车</td><td>顺序正确</td><td>10</td><td>顺序错误一项扣2分</td><td></td><td></td></tr>
<tr><td>（2）运行</td><td>巡检全面，分料准确，处理问题及时</td><td>15</td><td>无巡检扣5分
分料不准确扣5分
处理问题不及时扣5分</td><td></td><td></td></tr>
<tr><td>（3）停车</td><td>顺序正确</td><td>10</td><td>顺序错误一项扣2分</td><td></td><td></td></tr>
<tr><td rowspan="3">3. 制粉磨制无烟煤过程控制</td><td>（1）风量</td><td>球磨机风量
中速磨风量</td><td>10</td><td>误差1%扣除1分</td><td></td><td></td></tr>
<tr><td>（2）温度</td><td>入口温度
出口温度</td><td>10</td><td>误差5%扣除2分</td><td></td><td></td></tr>
<tr><td>（3）产量</td><td>球磨机产量
中速磨产量</td><td>10</td><td>误差10%扣除2分</td><td></td><td></td></tr>
<tr><td rowspan="2">一般项目</td><td colspan="2">1. 正确操作设备</td><td>按顺序正确操作设备</td><td>10</td><td>未按顺序操作扣1~10分</td><td></td><td></td></tr>
<tr><td colspan="2">2. 原煤储运</td><td>煤种配煤准确</td><td>10</td><td>出现误差扣1~10分</td><td></td><td></td></tr>
<tr><td rowspan="2">安全文明生产</td><td colspan="2">1. 储运岗位安全操作规程</td><td>达到规程标准</td><td>5</td><td>违反有关规定扣1~5分</td><td></td><td></td></tr>
<tr><td colspan="2">2. 定置管理和文明生产</td><td>达到定置管理和文明生产标准</td><td>5</td><td>违反有关规定扣1~5分</td><td></td><td></td></tr>
<tr><td>工时定额</td><td colspan="7">按制粉出力供煤每减少5%扣总分1分</td></tr>
</table>

附录 2－2　实际操作技能鉴定试题（2）

1. 准备通知单：

劳保穿戴齐全，班组工具齐全。

2. 试题：

考核项目	考核内容		考核要求	配分	评分标准	扣分	得分
主要项目	1. 球磨机系统干燥炉状态确认及工序间配合		确认干燥炉设备状态，各阀门置于规定位置	5	误确认一项扣 1 分		
	2. 球磨机系统干燥炉烧炉操作	(1) 压力	保持炉膛正确压力值	10	控制误差 ±10% 扣 5 分		
		(2) 点火	顺序正确	10	顺序不正确扣 5 分		
		(3) 控制	控制煤气使用	5	控制误差扣 5 分		
		(4) 温度	保持正确温度值	20	操作误差每 5℃ 扣 1 分，超高限操作不得分		
	3. 球磨机系统制粉开车准备	(1) 联系	指令准确，回应清楚	5	发生错误扣 1 ~ 5 分		
		(2) 检查	设备状态	5	设备故障扣 1 ~ 5 分		
		(3) 确认	阀门位置	5	位置误差扣 1 ~ 5 分		
一般项目	1. 正确操作设备		按规定正确操作设备	10	未按规定操作扣 1 ~ 10 分		
	2. 球磨机开车准备		润滑、冷却状况	10	出现误差扣 1 ~ 10 分		
安全文明生产	1. 干燥炉岗位安全操作规程		达到规定基本标准	10	违反有关规定扣 1 ~ 5 分		
	2. 定置管理和文明生产规定		达到规定标准	5	违反有关规定扣 1 ~ 5 分		
工时定额	未达到烧炉温度，每误差 1% 扣总分 1 分						

附录2－3 实际操作技能鉴定试题（3）

1. 准备通知单：

劳保穿戴齐全，班组工具齐全。

2. 试题：

<table>
<tr><th>考核项目</th><th colspan="2">考核内容</th><th>考核要求</th><th>配分</th><th>评分标准</th><th>扣分</th><th>得分</th></tr>
<tr><td rowspan="7">主要项目</td><td colspan="2">1. 仓式泵状态确认及工序间配合</td><td>确认仓式泵设备状态，工序运行状态</td><td>5</td><td>误确认一项扣1分</td><td></td><td></td></tr>
<tr><td rowspan="3">2. 仓式泵输送操作</td><td>（1）装粉</td><td>顺序正确，煤粉量适宜</td><td>10</td><td>顺序错误扣5分；
煤粉量误差10%扣2分</td><td></td><td></td></tr>
<tr><td>（2）送粉</td><td>操作顺序正确</td><td>10</td><td>顺序错误扣5分</td><td></td><td></td></tr>
<tr><td>（3）停送</td><td>顺序正确，煤粉输送无余粉</td><td>15</td><td>顺序错误扣5分；
煤粉输送余粉扣5分</td><td></td><td></td></tr>
<tr><td rowspan="3">3. 制粉无烟煤制备过程控制</td><td>（1）风量</td><td>球磨机风量
中速磨风量</td><td>10</td><td>误差1%扣除1分</td><td></td><td></td></tr>
<tr><td>（2）温度</td><td>磨机入口温度
磨机出口温度</td><td>10</td><td>误差5%扣除2分</td><td></td><td></td></tr>
<tr><td>（3）产量</td><td>球磨机产量
中速磨产量</td><td>10</td><td>误差10%扣除2分</td><td></td><td></td></tr>
<tr><td rowspan="2">一般项目</td><td colspan="2">1. 正确操作设备</td><td>按规定正确操作设备</td><td>10</td><td>未按规定操作扣1～10分</td><td></td><td></td></tr>
<tr><td colspan="2">2. 原煤储运</td><td>煤种配煤准确</td><td>10</td><td>出现误差扣1～10分</td><td></td><td></td></tr>
<tr><td rowspan="2">安全文明生产</td><td colspan="2">1. 喷吹岗位安全操作规程</td><td>达到规定标准</td><td>5</td><td>违反有关规定扣1～5分</td><td></td><td></td></tr>
<tr><td colspan="2">2. 定置管理和文明生产</td><td>达到规定标准</td><td>5</td><td>违反有关规定扣1～5分</td><td></td><td></td></tr>
<tr><td>工时定额</td><td colspan="7">按喷吹需求，每减少5%扣总分1分</td></tr>
</table>

附录2-4　实际操作技能鉴定试题（4）

1. 准备通知单：

劳保穿戴齐全，班组工具齐全。

2. 试题：

考核项目	考核内容		考核要求	配分	评分标准	扣分	得分
主要项目	1. 喷吹系统状态确认及工序间配合		确认喷吹系统设备状态，工序运行状态	5	误确认一项扣1分		
	2. 喷吹系统的运行操作	（1）装煤	顺序正确，煤粉量适宜	10	顺序错误扣5分 煤粉量误差大扣5分		
		（2）倒罐	顺序正确，煤粉倒净	10	顺序错误扣5分 煤粉未倒净扣5分		
		（3）喷吹	开关准确	5	开关错误扣5分		
	3. 喷吹过程控制	（1）各部气压	按规定调控喷吹罐压、操作压力、控制压力	10	未按规定调控各部压力，扣1~10分		
		（2）过程无堵塞	喷吹过程无堵塞，发生堵塞时处理及时	10	煤管堵塞处理不及时扣1~10分		
		（3）喷吹量	高炉喷煤量误差不大于1分钟	15	误差每增减1分钟扣除2分		
一般项目	1. 正确操作设备		按规定正确操作设备	10	未按规定操作扣1~10分		
	2. 原煤储运		煤种配煤准确	10	出现误差扣1~10分		
安全文明生产	1. 喷吹岗位安全操作规程		达到规定标准	10	违反有关规定扣1~5分		
	2. 定置管理和文明生产		达到规定标准	5	违反有关规定扣1~5分		
工时定额	按喷吹煤粉量，每误差5%扣总分1分						

附录3　试 题 答 案

附录3－1　职业技能鉴定理论考试试题答案

A　煤粉工初级工试题答案

一、判断题

1. ×　2. √　3. √　4. ×　5. ×　6. √　7. ×　8. √　9. √　10. ×　11. √　12. ×　13. ×　14. ×　15. ×　16. ×　17. √　18. ×　19. √　20. ×　21. √　22. √　23. ×　24. ×　25. √　26. √　27. √　28. ×　29. ×　30. ×

二、选择题

1. B　2. A　3. B　4. A　5. A　6. B　7. A　8. B　9. B　10. C　11. B　12. C　13. A　14. B　15. A　16. C　17. C　18. C　19. B　20. B　21. C　22. C　23. C　24. B　25. B　26. C　27. B　28. A　29. B　30. C

三、计算题

1. 解：喷煤比为　　$1020 \times 1000 / 1800 = 56.7\text{kg/t}$

答：该高炉一天的煤比是56.7kg/t。

2. 解：喷煤率＝喷吹煤粉总量/总燃料消耗量×100%

$= 96.32/344 \times 100\% = 28\%$

答：喷煤率为28%。

四、名词解释

1. 煤气与空气（或氧气）混合后，在一定条件下瞬间燃烧时发出光和热，燃烧产生的气体温度急剧上升，体积猛烈膨胀，同时发出巨响，造成压力冲击波。此现象称为煤气爆炸。

2. 往高炉鼓风中加入工业氧，使鼓风含氧超过大气含氧，称为高炉富氧鼓风。

3. 高炉喷吹煤粉是从高炉风口向炉内喷吹磨细的无烟煤和烟煤或这两者的混合煤粉以代替焦炭提供热量和还原剂，从而降低焦比和生铁成本。它是现代高炉冶炼的一项重大技术革命。

4. 在氧气（或空气）和煤共存的条件下，把煤加热到开始燃烧的温度。

5. 单位煤完全燃烧所放出的热量。

五、综合题

1. 高炉喷吹煤粉中煤粉制备的任务是：（1）可以使磨煤机台时产量达到理想的经济产量；（2）可提高煤粉在风口前的燃烧率，扩大喷吹量；（3）可达到较高的置换比和高炉生产的技术经济指标；(4) 可综合利用各种煤资源，供煤合理而有保证，充分发挥煤的特点，以取得较好的喷吹效果。

2. 要保证煤粉能顺利地输送到高炉，第一是在喷煤管道中煤粉不发生沉降；第二是输送气体压力减去管路中各种阻力引起的压力损失后，必须高于高炉炉内的压力。

3. 可燃粉尘爆炸的必要条件有：(1) 可燃粉尘浓度处于爆炸区；(2) 有足够的氧化剂支持燃烧；(3) 有足够的点火能量；(4) 煤粉处于分散悬浮状态；(5) 煤粉处于相对密闭的空间里。

4. (1) 喷吹含碳高的无烟煤；(2) 富氧鼓风；(3) 进一步提高风温；(4) 改进喷吹方法，如广喷、匀喷，提高煤粉细度、预热喷吹物等；(5) 提高焦炭质量，改善矿石还原性和透气性；(6) 保持高炉稳定顺行。

B 煤粉工中级工试题答案

一、判断题

1. √ 2. √ 3. × 4. × 5. √ 6. × 7. × 8. × 9. × 10. √ 11. √ 12. √ 13. √ 14. × 15. × 16. √ 17. × 18. × 19. √ 20. ×

二、选择题

1. A 2. B 3. D 4. C 5. A 6. B 7. C 8. A 9. C 10. C 11. B 12. B 13. B 14. B 15. B 16. C 17. C 18. A 19. C 20. C

三、填空题

1. 越低 2. 扩径 3. 升降式钟阀 4. 隔离 5. 锰矿石、熔剂 6. 沉降速度 7. 比表面积 8. 2% 9. 一氧化碳 10. 烧坏 11. 很高 12. 煤气阀 13. 热风温度 14. 2 15. 1% 16. 低 17. 表压 18. 干粉灭火器 19. 着火 20. 2000

四、计算题

1. 解：每昼夜生铁产量为：$350 \times 3.5 = 1225\text{t}$

$$\text{喷煤比} = 6 \times 24 \times 1000/1225 = 117.6\text{kg/t}$$

答：该高炉喷煤比为117.6kg/t。

2. 解：布袋总条数为：$16 \times 3 \times 24 = 1152$ 条

布袋过滤总面积为：$S = 0.12 \times \pi \times 6 \times 1152 = 2605.763\text{m}^2$

布袋过滤风速为：$v = Q/60S = 125388/60 \times 2605.763 = 0.80\text{m/min}$

答：布袋过滤风速为0.80m/s。

五、综合题

1. 球磨机由球磨机主体、传动系统、润滑系统、冷却系统四部分组成。

2. (1) 喷枪各阀门及下煤阀要关严；(2) 喷吹风阀门要关严；(3) 常压倒罐期间不能给高炉喷煤，所以倒罐要尽可能快，避免高炉炉况波动。

3. (1) 入炉料含硫量。矿石品种变换，含硫量变化。焦炭含硫量时有变化，而且焦炭带入硫量占入炉总量的60% ~80%，是主要因素。

（2）炉渣碱度高、渣铁温度高、炉况顺行，均有利炉渣脱硫。

（3）渣铁比。渣量愈大，愈能降低生铁含硫量。但渣量的增加会影响焦比和炉况顺行，对高炉生产有害无利。

4. 煤的质量和喷吹量，煤的燃烧好坏和气化程度，高炉操作，风温，富氧，高炉煤气利用程度，高炉直接还原度等方面。

5. 停止充氮后，首先应用空气置换氮气。在分析设备、管道中氧气含量合格后方可开始检修工作。

6.（1）磨煤机；（2）旋风分离器；（3）布袋收粉器；（4）煤粉仓；（5）水平管道、管道拐弯处和易积粉处；（6）输粉系统全式泵的均压与流化。

C　煤粉工高级工试题答案

一、判断题

1. √　2. ×　3. ×　4. √　5. √　6. √　7. √　8. ×　9. √　10. ×　11. ×　12. ×　13. √　14. √　15. ×　16. √　17. ×　18. ×　19. √　20. ×

二、选择题

1. A　2. C　3. C　4. A　5. C　6. A　7. B　8. B　9. C　10. C　11. A　12. B　13. D　14. C　15. C　16. C　17. B　18. A　19. B　20. B

三、填空题

1. 悬浮速度　2. 磨煤机入口和布袋箱出口　3. 压力　4. 高于　5. 烟气放散阀　6. 干燥剂　7. 锰矿石、熔剂　8. 小　9. 40　10. 单管路喷吹　11. 加重　12. 粉末　13. 关闭　14. 化学反应速度　15. 燃烧　16. 2　17. 减少　18. 采用补气器　19. 增加　20. 炉料的分布情况

四、计算题

1. 解：喷煤率 = 喷吹煤粉总量/总燃料消耗量 = 96.32/344 = 28%

答：喷煤率为28%。

2. 解：变更5小时后减少的喷吹量为：

$$(60/80) \times 12 \times 2 \times 5 - (60/100) \times 12 \times 2 \times 5 = 18\text{t}$$

答：喷吹周期变更5小时后减少的喷吹量为18t。

五、综合题

1. 煤气爆炸的必备条件是：（1）煤气中混入空气或空气中混入煤气，达到爆炸浓度比例；（2）有明火或达到煤气燃点以上的温度。上述两条必须同时具备。

2. 以煤的无灰基挥发分（V_{daf}）10%为界。V_{daf} >10% ~40%为烟煤；V_{daf} ≤10%为无烟煤。

3. 排渣箱内石子煤较多主要出现在以下几种情况：（1）磨煤机启动；（2）紧急停磨；（3）煤质较次；（4）运行后期磨辊、衬瓦、喷嘴磨损严重；（5）运行时磨煤增加过快，一次风量偏少。

4. 因防爆膜在充压和泄压下反复工作，会产生疲劳损失，降低其爆破压力。为保证正常

的生产秩序，因此要对防爆膜进行定期检查更换。

5. 优点：(1) 占地面积小，本身带有粗粉分离器，结构紧凑；(2) 电耗低（单位磨煤电耗仅为球磨机的50%～70%）；(3) 噪声低；(4) 密封性好，适合磨制烟煤。

缺点：(1) 磨煤元件易磨损，不能磨硬质煤。(2) 原煤中的铁物和其他杂物必须除去。

6. (1) 工艺简单，设备少，投资省；(2) 维护量小；(3) 操作方便，易实现自动化；(4) 运行可靠，故障点少；混合器大，管道粗，不易堵塞；(5) 个别喷枪停喷不会导致喷煤罐内产生死角；(6) 能够保持下煤顺畅，易调节喷吹速度；(7) 可以在总管上安装过滤筛和防回火自动切断阀；(8) 能够保持各煤枪的煤量均匀。

附录3-2　实际操作技能鉴定试题答案

A　实际操作技能鉴定试题(1)答案

主要项目

1. 状态确认及工序间配合

(1) 确认天车运行正常，受煤斗有煤；

(2) 检查皮带不偏，设备不刮皮带，托辊完整；

(3) 确认环保除尘器运行正常；

(4) 确认向球磨机煤仓或向中速磨煤仓供煤；

(5) 确认机电设备、声光信号正常。

2. 皮带机供煤操作

(1) 开车

1) 确认环保除尘器运行正常；

2) 响铃准备；

3) 依次启动5号、4号、3号、2号、1号、0号皮带机和除铁器；

4) 皮带运行正常后启动配煤设备进行给煤。

(2) 运行

1) 出现异常现象停车处理；

2) 向球磨机煤仓或向中速磨煤仓供煤分料准确；

3) 及时清理煤中杂物。

(3) 停车

1) 响铃准备；

2) 停配煤设备；

3) 依次停0号、1号、2号、3号、4号、5号皮带机和除铁器；

4) 确认环保除尘器运行正常。

3. 制粉无烟煤过程控制

(1) 风量

1) 球磨机风量36000～40000m^3/h；

2) 中速磨风量55000～60000m^3/h。

(2) 温度

1) 磨机入口温度低于360℃；

2）磨机出口温度 85 ~ 90℃。

（3）产量

1）球磨机产量 10t/h；

2）中速磨产量 22t/h。

一般项目

1. 现场打分（略）

2. 原煤储运

使用电子皮带秤混配煤：

（1）一号仓为烟煤，二、三号仓为水洗煤；

（2）调控一对二号或一对三号仓；

（3）挡板调节一致，供电频率 50Hz 控制一致，混配比例各 50%。

安全文明生产

1. 储运岗位安全操作规程标准

（1）响铃后方可启动皮带；

（2）禁止接触转动部分，禁止跨越皮带；

（3）清扫卫生或检修时必须切断电源，执行挂牌制。

2. 定置管理和文明生产

工具物品按定置图摆放，现场卫生清扫干净。

B　实际操作技能鉴定试题（2）答案

主要项目

1. 状态确认及工序间配合

（1）高炉煤气、焦炉煤气充足、稳定；

（2）干燥炉各仪表准确，各阀门动作灵活。

2. 干燥炉烧炉操作

（1）压力：关闭热风阀，用炉膛放散阀开度调整炉内压力 -40 ~ 0Pa；

（2）点火：点燃焦炉煤气后将火源插入烧嘴，缓慢打开煤气阀门送高炉煤气，将高炉煤气点燃后，按此方法点燃第二个烧嘴；

（3）控制：焦炉煤气保持明火，用高炉煤气烧炉；

（4）温度：调节高炉煤气量，使炉膛温度逐渐升高，温升速度为 10℃/min，升至 600℃后恒温，最高不得超过 1000℃。

3. 球磨机制粉开车准备

（1）联系：通知干燥炉、磨机、高压配电室岗位准备开车；

（2）检查：回粉管锁气器灵活，煤粉筛无杂物；

（3）确认：磨机冷风阀、排粉风机入口调节阀关闭。

一般项目

1. 现场打分

2. 球磨机开车准备

（1）启动油泵，检查油泵、油压、油温、油位正常；

（2）检查磨机油路、水路畅通；

（3）检查排粉风机润滑和冷却正常。

安全文明生产

1. 干燥炉岗位安全操作规程基本标准

（1）干燥炉为煤气区，禁止逗留，确认无煤气外泄方可工作；

（2）烧炉时必须先点燃焦炉煤气，引火后方可打开高炉煤气阀门；

（3）炉内熄火，必须打开烟囱空抽15min后方可重新点燃；

（4）观察炉内火焰时间小于3s；

（5）高炉煤气压力不得低于1960Pa。

2. 定置管理和文明生产基本标准

工具物品按定置图摆放，现场卫生清扫干净。

C 实际操作技能鉴定试题（3）答案

主要项目

1. 状态确认及工序间配合

（1）仓式泵系统设备运行正常；

（2）操作气源、控制气源压力正常、稳定；

（3）确认流化和罐压设定值。

2. 仓式泵输送操作

（1）装煤粉

1）打开放散阀；

2）打开煤粉仓松动气阀；

3）打开钟阀；

4）打开蝶阀，仓式泵上料位显示；

5）关闭蝶阀；

6）关闭钟阀；

7）关闭煤粉仓松动气阀。

（2）送粉

1）关闭放散阀；

2）打开充压阀，充压至设定值；

3）关闭充压阀；

4）打开调节阀；

5）打开输煤阀。

（3）停送

1）仓式泵下料位灭，其压力下降到0.1kPa以下，确认仓式泵内煤粉已送完；

2）关闭调节阀，关闭流化阀，关闭输煤阀；

3）打开吹扫阀进行吹扫，30s后关闭；

4）打开放散阀。

3. 制粉过程控制

（1）风量

1）球磨机风量36000～40000m^3/h；

2）中速磨风量55000～60000m^3/h。

（2）温度

1）磨机入口温度低于360℃；

2）磨机出口温度85～90℃ 。

（3）产量

1）球磨机产量10t/h；

2）中速磨产量22t/h。

一般项目

1. 现场打分

2. 原煤储运

使用电子皮带秤混配煤：

（1）一号仓为烟煤，二、三号仓为水洗煤；

（2）调控一对二号或一对三号仓；

（3）挡板调节一致，供电频率50Hz控制一致，混配比例各50%。

安全文明生产

1. 喷吹岗位安全操作规程

（1）掌握现场氮气和射线危害的预防方法（时间防护、距离防护、屏蔽防护等）；

（2）停送煤粉时间超过8h，应将煤粉放空，因故剩煤粉时设专人监测温度，控制在80℃以下。

2. 定置管理和文明生产

工具物品按定置图摆放，现场卫生清扫干净。

D　实际操作技能鉴定试题（4）答案

主要项目

1. 状态确认及工序间配合

（1）按工长指令煤量设定喷吹压力；

（2）各阀门开关位置正确；

（3）煤粉仓下料位显示有煤；

（4）流化气开度30%；

（5）补气开度20%。

2. 喷吹系统的运行操作

（1）装煤

1）打开煤粉仓松动气阀；

2）打开上钟阀；

3）打开上蝶阀，中间罐上料位显示后；

4）关闭上蝶阀；

5）关闭上钟阀；

6）关闭煤粉仓松动气阀。

（2）倒罐

1）关闭放散阀；

2）打开中间罐充压阀，当中间罐和喷吹罐压差不大于 -10kPa时；

3）关闭充压阀；

4）打开均压阀；

5）打开下钟阀；
6）打开下蝶阀，煤粉下落完毕；
7）关闭下蝶阀；
8）关闭下钟阀；
9）关闭均压阀；
10）打开放散阀。
（3）喷吹
1）打开喷1阀；
2）打开喷2阀；
3）流量监控器显示煤粉喷吹状况。
3. 喷吹过程控制
（1）各部气压
罐压按喷煤量设定，操作压力1.2MPa，控制压力0.4～0.6MPa；
（2）过程无堵塞
判断堵塞准确，处理堵塞及时；
（3）喷吹量
按高炉需求控制。

一般项目

1. 现场打分
2. 原煤储运
使用电子皮带秤混配煤：
（1）一号仓为烟煤，二、三号仓为水洗煤；
（2）调控一对二号或一对三号仓；
（3）挡板调节一致，供电频率50Hz控制一致，混配比例各50%。

安全文明生产

1. 喷吹岗位安全操作规程
（1）掌握现场氮气和射线危害的预防方法（时间防护、距离防护、屏蔽防护等）；
（2）停送煤粉时间超过8h应将煤粉放空，因故剩煤粉时设专人监测温度，控制在80℃以下。
2. 定置管理和文明生产
工具物品按定置图摆放，现场卫生清扫干净。

参考文献

[1] 唐清华．高炉喷吹煤粉知识问答 [M]．北京：冶金工业出版社，2002.
[2] 郝素菊．高炉炼铁设计原理 [M]．北京：冶金工业出版社，2003.
[3] 王筱留．高炉生产知识问答（第 2 版）[M]．北京：冶金工业出版社，2004.
[4] 由文泉．实用高炉炼铁技术 [M]．北京：冶金工业出版社，2002.
[5] 周传典．高炉炼铁生产技术手册 [M]．北京：冶金工业出版社，2003.
[6] 刘仁生．贫煤、贫瘦煤喷吹技术研发及应用 [M]．北京：冶金工业出版社，2006.
[7] 王宏启．高炉炼铁设备 [M]．北京：冶金工业出版社，2008.
[8] 卢宇飞．炼铁工艺 [M]．北京：冶金工业出版社，2010.
[9] 贾艳．高炉炼铁基础知识（第 2 版）[M]．北京：冶金工业出版社，2010.

冶金工业出版社部分图书推荐

书　名	作　者	定价(元)
钢铁冶金原理(第4版)(本科教材)	黄希祜　编	82.00
钢铁冶金原理习及复习思考题解答(本科教材)	黄希祜　编	45.00
耐火材料(第2版)(本科教材)	薛群虎　主编	35.00
冶金热工基础(本科教材)	朱光俊　主编	36.00
钢铁冶金原燃料及辅助材料(本科教材)	储满生　主编	59.00
钢铁冶金学(炼铁部分)(第4版)	吴胜利　主编	65.00
现代冶金工艺学(钢铁冶金卷)(第3版)(本科国规教材)	朱苗勇　主编	75.00
炉外精炼教程(本科教材)	高泽平　主编	40.00
连续铸钢(第3版)(本科教材)	贺道中　主编	49.00
电磁冶金学(本科教材)	亢淑梅　主编	28.00
钢铁冶金过程环保新技术(本科教材)	何志军　主编	35.00
冶金设备及自动化(本科教材)	王立萍　等编	29.00
炼铁厂设计原理(本科教材)	万　新　主编	38.00
炼钢厂设计原理(本科教材)	王令福　主编	29.00
轧钢厂设计原理(本科教材)	阳　辉　主编	46.00
冶金工厂设计基础(本科教材)	姜　澜　主编	45.00
冶金专业英语(第3版)(高职高专国规教材)	侯向东　主编	49.00
冶金原理(第2版)(高职高专国规教材)	卢宇飞　主编	45.00
物理化学(第2版)(高职高专国规教材)	邓基芹　主编	36.00
无机化学(高职高专教材)	邓基芹　主编	36.00
煤化学(高职高专教材)	邓基芹　主编	25.00
冶金基础知识(高职高专教材)	丁亚茹　等编	36.00
金属材料及热处理(高职高专教材)	王悦祥　等编	35.00
烧结矿与球团矿生产(高职高专教材)	王悦祥　主编	29.00
高炉冶炼操作与控制(高职高专教材)	侯向东　主编	49.00
转炉炼钢操作与控制(高职高专教材)	李　荣　等编	39.00
炼铁工艺及设备(高职高专教材)	郑金星　等编	49.00
炼钢工艺及设备(高职高专教材)	郑金星　等编	49.00
铁合金生产工艺与设备(第2版)(高职高专教材)	刘　卫　主编	45.00
高炉炼铁生产实训(高职高专教材)	高岗强　等编	35.00
转炉炼钢生产仿真实训(高职高专教材)	陈　炜　等编	21.00
炉外精炼操作与控制(高职高专教材)	高泽平　主编	38.00
连续铸钢操作与控制(高职高专教材)	冯　捷　等编	39.00
矿热炉控制与操作(第2版)(高职高专教材)	石　富　主编	39.00
稀土冶金技术(第2版)(高职高专教材)	石　富　主编	39.00